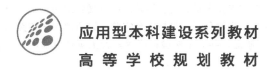

应用型本科建设系列教材
高 等 学 校 规 划 教 材

环境基础实验

张海英　王慧峰　刘馥雯　王 娟　主编

化学工业出版社
·北京·

内容简介

《环境基础实验》内容涵盖了水、气、声、固、土壤五个方面的环境类专业主要基础实验。第一章介绍了实验教学目的与要求、实验数据处理与误差分析、实验结果讨论与报告编写；第二章为水中污染物分析，包括6个实验；第三章为大气中污染物分析，包括5个实验；第四章为固体废物分析及回收利用，共11个实验；第五章为环境噪声监测，共5个实验；第六章为土壤环境监测，包括5个实验。

《环境基础实验》可作为高等院校环境科学、环境工程、给排水科学与工程及相关专业实验教学用书，也可供环境领域的从业人员参考。

图书在版编目（CIP）数据

环境基础实验/张海英等主编. —北京：化学工业出版社，2022.12

高等学校规划教材　应用型本科建设系列教材

ISBN 978-7-122-42273-6

Ⅰ. ①环…　Ⅱ. ①张…　Ⅲ. ①环境工程-实验-高等学校-教材　Ⅳ. ①X5-33

中国版本图书馆CIP数据核字（2022）第182986号

责任编辑：刘俊之　汪　靓　　文字编辑：杨凤轩　师明远

责任校对：田睿涵　　装帧设计：韩　飞

出版发行：化学工业出版社（北京市东城区青年湖南街13号　邮政编码100011）

印　　装：涿州市般润文化传播有限公司

787mm×1092mm　1/16　印张7¼　字数156千字　2023年3月北京第1版第1次印刷

购书咨询：010-64518888　　售后服务：010-64518899

网　　址：http：//www.cip.com.cn

凡购买本书，如有缺损质量问题，本社销售中心负责调换。

定　　价：29.00元

前言

随着环境类应用型技术人才需求的加大，相关人才的培养需要不断强化，尤其是学生的实际动手能力和解决实际问题的能力需要不断提升。本书涵盖了环境类专业的主要基础实验，旨在培养学生观察问题、分析问题和解决问题的能力，提升学生将所学的理论知识用于解决实际问题的能力。

全书分为六章，涵盖了水、气、声、固、土壤五个方面的主要基础类实验。第一章介绍了实验教学目的与要求、实验数据处理与误差分析、实验结果讨论与报告编写。第二章为水中污染物分析实验，共六个实验，主要是常见水中污染物的测定，包括废水悬浮固体、浊度、色度、化学需氧量、溶解氧、五日生化需氧量、氨氮的测定，是根据长期教学实践经验选择的常用水污染物测定项目。第三章为大气中污染物分析实验，共五个实验，涵盖了常见大气污染物 TSP、PM_{10}、$PM_{2.5}$、室内空气中甲醛、SO_2、空气中氮氧化物浓度以及空气中微生物的测定分析。第四章为固体废物分析及回收利用实验，共十个实验。涵盖了挥发分、灰分、有机质、重金属等的测定以及厨余垃圾和废液中有用成分的回收利用与杂质分析。第五章为环境噪声监测实验，共五个实验，包括了城市区域、城市道路、工业企业厂界和社会生活噪声等主要噪声类型的测定。第六章为土壤污染监测实验，共五个实验，包括了土壤中阳离子交换量、有机碳含量、脲酶活性、可提取态镉以及多环芳烃的测定。

本书由上海应用技术大学环境工程系部分教师编写。第一章一、第四章、第五章由张海英编写，第一章二、三、四与第六章由王慧峰编写，第二章由刘馥雯编写，第三章由王娟编写。本书在编写过程中得到了上海应用技术大学与兄弟院校相关老师的帮助，在此表示感谢。

本书可作为高等院校环境科学、环境工程、给排水科学与工程及相关专业实验教学用书。

由于编者水平有限，难免有疏漏和不足之处，恳请读者批评指正。

编者

2022 年 3 月于上海应用技术大学

环境基础实验

目录 CONTENTS

第一章 总论

一、实验教学目的与要求

1. 实验教学目的

实验教学可以培养学生观察问题、分析问题和解决问题的能力，提升学生将所学的理论知识用于解决实际问题的能力。根据实验目的与形式，实验类型可分为演示性、验证性、设计性和综合性实验。演示性实验采用直观演示的形式，使学生通过观察实验过程了解事物的形态、结构以及变化过程与规律。验证性实验给定实验方法与原理，让学生通过实验操作掌握操作技能与测试方法，以提高学生的动手能力，并培养其分析整理实验数据、实验结果及编写实验报告的能力。设计性实验给定实验目的、要求和条件，学生自己设计实验方案、拟定实验步骤、选择仪器设备并进行实验操作，旨在培养学生对知识的灵活运用与动手能力。综合性实验则是涉及综合知识和相关知识的实验，旨在培养学生的创新能力以及对知识的综合运用能力。

环境基础实验是环境工程、给排水科学与工程等专业的实践类课程，内容包括水、大气、噪声、固体废弃物等环境污染要素的基本采样分析方法，以及土壤基本分析方法。目的是让学生掌握环境基本实验的基本原理与方法，了解环境基本指标及相关参数的含义，了解常见环境采样分析仪器设备的原理及操作方法，了解常见污染处理工艺系统的运行操作、管理方法，掌握常见工艺参数的确定方法，以提高他们的动手能力以及解决实际问题的能力。让学生熟练掌握实验数据的记录、整理、分析处理方法。在掌握环境类水、气、声、固、土壤等基本实验的基础上，还需通过综合性实验来培养学生对理论知识综合运用的能力，提升学生的创新能力，为今后的毕业论文、科研工作和专业岗位的实际工作打下扎实的基础。

2. 实验要求

(1) 实验前要进行安全教育

实验前要对学生进行安全教育，要求学生准备好实验服，不穿实验服不能做实验。不得在实验室吃东西、喝水及饮料。废酸废碱等实验残液需倒入相应的废液桶，不得倒入水池。煤气灯使用过程中不得离开，需正确使用煤气灯。仪器设备需认真阅读操作规程后按规程操作，不得乱调乱动。实验设备发生故障需及时报告给管理员与实验老师。有毒的实验药剂使用过程中要注意采取必要的防护措施，可燃易燃药剂使用过程中注意防火防爆。要熟悉不同药剂洒在皮肤上的急救方法。

(2) 实验前要做好预习准备

对于不同类型的实验实验前预习准备要求不同。对于验证性实验，实验前学生要预习实验内容，包括实验目的、实验原理、主要实验步骤，了解所做实验的目的和要求、基本实验原理以及实验所需试剂材料、仪器设备，熟悉实验方法及相关操作步骤，并编写预习报告。预习报告内容包括实验目的、实验原理、实验步骤。对于设计性实验，需认真阅读实验目的及要求，查阅相关资料、设计实验方案、确定步骤，并编写设计实验预习报告，包括实验目的、实验原理、实验步骤。对于综合性实验，除做好常规的实验预习外还需对课题背景资料进行调研，需根据调研的结果设计一系列实验，并搭建实验装置，对仪器设备进行调试，最后完成一系列实验。

(3) 实验过程中要规范操作，并做好记录

按步骤进行实验操作，操作要规范，实验过程中同一个组的同学不得同时离开实验台。实验过程中不得大声喧哗，要认真观察实验现象并做好实验记录。实验完成后，打扫干净自己的实验台，并请老师检查实验结果与实验记录后再离开。

(4) 实验后进行分析总结

实验完成后，对实验过程中的所得以及失误及时进行分析总结。具体包括：对特殊的实验现象进行分析；对实验数据进行分析处理；对实验过程中的失误进行分析；对实验结果的偏差进行分析；对思考题进行分析；对实验过程中的体会进行总结。

二、实验数据处理与误差分析

1. 实验数据处理

数据处理是指实验结束后对所得的所有实验数据进行整理、计算和分析，最后通过绘制图表呈现实验结果的过程。数据处理是实验工作中非常重要的内容。

任何测量结果或计算所得的量，应根据测量仪表的精度来确定，一般应记录到仪表最小刻度的十分之一位。有效数字是指在分析工作中实际能够测量到的数字。能够测量到的数字包括最后一位估计的欠准数字。例如常见的 25mL 滴定管，它的最小分度值为 0.1mL，读数可估计到 0.01mL，其中最后一位是欠准的。另外，有效数字是指在一个数中，从该数的第一个非零数字起，直到末尾数字止的数字，如 0.315 的有效数字有 3 个，分别是 3、1、5。数据的处理应该遵守“四舍六入五成双”法则，即当尾数≤4 时舍去，尾数≥6 时进位。当尾数为 5 时，则应看 5 前是奇数还是偶数，5 前为偶数应将 5 舍去，5 前为奇数应将 5 进位。有效数字的运算规则包括加减法、乘除法和自然数的规则。

① 加减法的规则是以小数点后位数最少的数据为基准，其他数据“四舍六入五成双”到基准，再进行加减计算，最终计算结果保留最少的位数。

例：计算 24.2＋3.6＋0.6942＝

修约为：24.2＋3.6＋0.7＝28.5

② 乘除法的规则是以有效数字最少的数据为基准，其他数据修约至相同，再进行乘除运算，计算结果仍保留最少的有效数字。

例：计算 0.0121×25.64×1.05728＝

修约为：0.0121×25.6×1.06＝

计算结果为：0.3283456，结果仍保留三位有效数字。

记录为：0.0121×25.6×1.06＝0.328

③ 自然数是指在分析化学中，有时会遇到一些倍数和分数的关系，如 H_3PO_4 的分子量/3＝98.00/3＝32.67

H_2O 的分子量＝2×1.008＋16.00＝18.02

在这里分母“3”和“2×1.008”中的“2”都不能看作是一位有效数字。因为它们是非测量所得到的数，是自然数，其有效数字位数可视为无限。在常见的常量分析中，一般保留四位有效数字。但在水质分析中，有时只要求保留 2 位或 3 位有效数字，应视具体要求而定。

数值的数量级由 10 的整数幂来表示，这种以 10 的整数幂来记数的方法称为科学记数法。在 10 的整数幂之前的数字应全部为有效数字。例如 0.0066 应记为 6.6×10^{-3}（有效数字 2 位），66000 记为 6.60×10^4（有效数字 3 位）。

2. 常见的统计方法

(1) 方差分析

方差分析为数据分析中常见的统计模型，主要为探讨连续型资料型态之因变量与类别型资料型态之自变量的关系。方差分析主要用途是研究外界因素或实验条件的改变对实验结果影响是否显著。方差分析的类型包括：单因素方差分析、双因数方差分析或多元方差分析。

单因素实验方差分析的目的是检验一个因素对实验结果的影响是否显著性。设某单因素 A 有 r 种水平，在每种水平下的实验结果服从正态分布，在各个水平下分别做 n 次实验，判断因素 A 对实验结果是否有显著影响。

① 计算平均值：组内平均值和总平均值。

② 计算离差平方和：总离差平方和表示了各实验值与总平均值的偏差的平方和，反映了实验结果之间存在的总差异；组间离差平方和是由于因素 A 不同水平的不同作用造成的，反映了各组内平均值之间的差异程度；组内离差平方和是由于随机误差的作用产生的，反映了在各个水平内，各实验值之间的差异程度。

从总体中抽取容量为 n 的随机样本：x_{i1}，x_{i2}，…，x_{ij}，…，x_{in}（$i=1$，2，…，r；$j=1$，2，…，n_i），$\overline{x}$ 为总平均值，n 为从 r 个总体中抽取的样本的总容量。

总离差平方和公式：

$$SS_T=\sum_{i=1}^{r}\sum_{j=1}^{n_i}(x_{ij}-\overline{x})^2 \tag{1-1}$$

组间离差平方和：

$$SS_{\mathrm{A}}=\sum_{i=1}^{r}\sum_{j=1}^{n_i}(\overline{x}_i-\overline{x})^2=\sum_{i=1}^{r}n_i(\overline{x}_i-\overline{x})^2 \tag{1-2}$$

组内离差平方和：

$$SS_{\mathrm{e}}=\sum_{i=1}^{r}\sum_{j=1}^{n_i}(x_{ij}-\overline{x}_i)^2 \tag{1-3}$$

③ 计算自由度：包括总自由度、组内自由度和组间自由度。总自由度＝组内自由度＋组间自由度。

④ 计算均方：均方＝离差平方和/对应的自由度。

⑤ F 检验：通常用来分析用了超过一个参数的统计模型，以判断该模型中的全部或一部分参数是否适合用来估计母体。

⑥ 绘制方差分析表。

双因素实验方差分析是讨论两个因素对实验结果影响的显著性，分为双因素无重复实验和双因素重复实验。双因素实验方差分析的步骤与单因素实验方差分析基本一致。

（2）相关分析

相关分析是研究现象之间是否存在某种依存关系，并对具体有依存关系的现象探讨其相关方向以及相关程度，是研究随机变量之间的相关关系的一种统计方法。按照相关程度分为完全相关、不完全相关和不相关；按照相关方向分为正相关和负相关；按照相关形式分为线性相关和非线性相关；按涉及变量的多少分为一元相关和多元相关；按影响因素分为单相关和复相关。

（3）回归分析

回归分析是一种处理变量之间相关关系最常用的统计方法，用它可以寻找隐藏在随机性后面的统计规律。研究一个因素与实验指标间相关关系的回归分析称为一元回归分析；研究几个因素与实验指标间相关关系的称为多元回归分析。确定回归方程、检验回归方程的可信性等是回归分析的主要内容。

一元线性回归分析是根据自变量 x 和因变量 y 的相关关系，建立 x 与 y 的线性回归方程进行分析的方法。一元线性回归效果的检验分为相关系数检验法和 F 检验。

① 相关系数检验法：由样本相关系数推断总体相关系数的参数检验方法。其中，相关系数用于描述变量 x 与 y 的线性相关程度。

② F 检验：包括对离差平方和、自由度、均方的计算，最后绘制方差分析表。

在回归分析中，如果有两个或两个以上的自变量，就称为多元回归分析。由多个自变量的最优组合共同来预测或估计因变量，比只用一个自变量进行预测或估计更有效，更符合实际。因此多元线性回归比一元线性回归的实用意义更大。回归系数的确定是根据最小二乘法原理，即求偏差平方和最小时的回归系数。根据偏差平方和公式得到正规方程组，其解就是回归系数。

非线性回归是回归函数关于未知回归系数具有非线性结构的回归。一般情况下，通过线性变换，将其转化为线性回归问题，在直角坐标中画出散点图，推测 y 与 x 的函数关系。最后返回原来的函数关系，得到要求的回归方程。

3. 实验误差分析

（1）真值与平均值

真值是一个理想的概念，指某物理量客观存在的确定值。国家标准样品的标称值、国际上公认的计量值、高精度仪器所测之值和多次实验值的平均值均可看作是真值。其中平均值的表示方法包括算术平均值、均方根平均值和几何平均值等。

① 算术平均值　算术平均值是最常用的一种平均值，因为测定值的误差分布一般服从正态分布，可以证明算术平均值即为一组等精度测量的最佳值或最可信赖值。设 x_1，x_2，…，x_n 为各次测量值，n 为测量次数，则算术平均值为：

$$\overline{x}=\frac{x_1+x_2+\cdots+x_n}{n}=\frac{\sum_{i=1}^{n}x_i}{n} \tag{1-4}$$

② 均方根值　均方根值，也称方均根值或有效值，它的计算方法是先平方、再平均、最后开方。在物理学中，常用均方根值来分析噪声。

$$\overline{x}_{均}=\sqrt{\frac{x_1^2+x_x^2+\cdots+x_n^2}{n}}=\sqrt{\frac{\sum_{i=1}^{n}x_i^2}{n}} \tag{1-5}$$

③ 几何平均值　当一组实验值取对数后所得数据的分布曲线更加对称时，宜采用几何平均值。几何平均值小于等于算术平均值。设有 n 个正实验值：x_1，x_2，…，x_n，则几何平均值为：

$$\overline{x}_G=\sqrt[n]{x_1x_2\cdots x_n}=(x_1x_2\cdots x_n)^{\frac{1}{n}} \tag{1-6}$$

（2）实验误差及其表示方法

由于实验设备和实验方法的不完善、实验环境的影响、人观察力的差异以及被测量对象的变化等导致实验测量值和真值之间存在差异，在数值上即表现为误差。误差自始至终存在于一切科学实验过程中，所有的实验结果都具有误差。通过对实验数据进行误差分析可以查明误差的来源及影响，确定导致实验误差的关键因素，进一步改进实验方案，提高研究结果的准确性。误差通常可以分为系统误差、随机误差和过失误差。

系统误差是指由某些固定不变的因素引起的误差。在相同条件下增加实验次数不会对系统误差产生影响。系统误差通常有固定的偏向和确定的规律，根据误差产生的原因采取相应的措施可以校正或消除系统误差。由于标准器具加工的限制，标准器复现的量值单位有误会产生误差。例如，标称值为 10g 的砝码的实际质量并不等于 10g 时会产生误差。仪器仪表在加工、装配和调试中，制造工艺不完善和长期使用磨损导致的误差，从而使仪器仪表的指示值不等于被测量的真值，造成测量误差。例如，线纹尺刻线不可能加工、调整到绝对均匀，那么由于线纹尺刻线不均匀会导致测量长度与真值之间存在误差。还有由于实验人员的知识不足或研究不充分以致操作不合理，或对测量方法、测量程序进行错误的简化等引起的方法误差。正确度是指被测量的总体平均值与其真值接近或偏离的程度。正确度反映系统误差对测量的影响程度。系统误差小，测量的正确度就高。

随机误差是由一些不易控制的因素引起的，不能从实验中消除，误差的数值具有波动性和不确定性。但随机误差服从统计规律，随着测量次数的增加计算测量的算术平均值接近于真值。例如被测溶液的温度在整个测量过程中处在不断地变化中，由于测量对象自身的变化而引起测量误差。实验环境对实验是有影响的，也是随机误差的来源之一。环境造成实验误差的主要原因是测量装置包括标准器具、仪器仪表、测量附件同被测对象随着环境的变化而变化，例如激光波长的长期不稳定性、电阻等元器件的老化、晶体振荡器频率的长期漂移等。这些误差都是由于仪器仪表随时间的不稳定性和随空间位置变化的不均匀性造成的。除了上述实验过程中产生的误差，在分析处理数据时也会出现方法误差。例如测定轴的周长取估算值 L 与通过测量轴的半径 d，然后由公式：$L=2\pi d$ 计算得到的周长相比具有误差。精密度是指对同一被测量做多次重复测量时，各次测量值之间彼此接近或分散的程度。精密度反映随机误差对测量的影响程度。随机误差小，测量的精密度就高。

过失误差通常是由于实验人员在长时间的测量中因疲劳或疏忽大意发生操作失误或看错、读错、听错、记错读数引起的误差。这类误差使得测量值与正常值相差较大，在整理数据时需要剔除。为了避免发生过失误差，要求实验人员保持严谨的态度，在实验操作中认真并集中精力。对于某些准确性要求高且重要的测量，需要至少两名实验人员进行多次复核测量。

误差分析是对原始数据的可靠性进行客观的评定。误差的表示方法包括绝对误差、相对误差、算术平均偏差、标准偏差。

① 绝对误差：反映测量值偏离真值的大小，有正负方向。一般情况下，可以估算绝对误差的范围，但真值未知时，绝对误差也未知。

② 相对误差：反映测量结果偏离真值大小的值，常常表示为百分数或千分数，更能反映测量的可信程度。

准确度是指各测量值之间的接近程度和其总体平均值对真值的接近程度。准确度反映随机误差和系统误差对测量的综合影响程度。只有随机误差和系统误差都非常小，才能说测量的准确度高。若实验的相对误差为 0.001%且误差由系统误差和随机误差共同引起，则可以认为精确度为 10^{-5}。

③ 算术平均偏差：表示算术平均偏差和标准偏差（取绝对值）之和除以测定次数，可以反映一组实验数据的误差大小。

公式如下：

$$\Delta=\frac{\sum_{i=1}^{n}|x_i-\overline{x}|}{n}=\frac{\sum_{i=1}^{n}|d_i|}{n} \tag{1-7}$$

其中，d_i 表示实验值 x_i 与算术平均值 $\overline{x}$ 之间的偏差。

④ 标准偏差：亦称均方根误差，表示实验值的精密度。标准偏差越小，实验值的精密度越高。

当实验次数 n 无穷大时，总体标准偏差：

$$\sigma=\sqrt{\frac{\sum_{i=1}^{n}(x_i-\overline{x})^2}{n}}=\sqrt{\frac{\sum_{i=1}^{n}x_i^2-\left(\sum_{i=1}^{n}x_i\right)^2/n}{n}} \tag{1-8}$$

当实验次数为有限次数时，样本标准偏差：

$$s=\sqrt{\frac{\sum_{i=1}^{n}d_i^2}{n-1}}=\sqrt{\frac{\sum_{i=1}^{n}(x_i-\overline{x})^2}{n-1}}=\sqrt{\frac{\sum_{i=1}^{n}x_i^2-\left(\sum_{i=1}^{n}x_i\right)^2/n}{n-1}} \tag{1-9}$$

三、实验结果与讨论

1. 实验结果

实验结果可以采用文字与图表相结合的形式来表达，一般能够用文字简单说明的问题尽量不用图表表述，避免同时用表格和图形重复表述同一数据。表格和图形应该具有“自明性”，即读者无需参考文字内容就能够清楚地了解表格和图形所表达的内容。对于用表格和图形表述的结果可在实验报告中描述原始数据并对所得的结果进行说明。研究结果可以使用多种软件和工具去绘制表格和图形，常用的绘图软件包括 Origin、sigma-plot、Excel 等。

列表法使大量数据表达清晰醒目，条理化，易于检查数据和发现问题，避免差错，同时有助于反映出实验数据之间的对应关系。如表 1-1 和表 1-2 所示，表格的编排需要注意以下事项：

① 表名应放在表的上方，主要用于说明表的主要内容，为了引用方便，还应包含表号。表头常放在第一行或第一列，也称为行标题或列标题，它主要表示所研究问题的类别名称和指标名称。

② 列举数据时应尽量确保同组数据纵向排列，按自变量由小到大或由大到小的顺序排列，同时需要注意所有数据的小数点后面数字的位数应保持一致。

③ 必要时需要给出表格注释，通常位于表格的下方，用于解释说明获得数据的实验和统计方法、参考标准以及表中的缩写等关键信息。

④ 使用三线表进行描述，其中上下两条线较粗，中间一条线较细，如表 1-1～表 1-2 所示。各栏目均应注明所记录数据的名称（符号）和单位。

表 1-1 离心泵特性曲线测定实验结果

序号	流量 $q_v/(m^3/s)$	压头 H_e/m	轴功率 P_a/W	效率 $\eta/\%$
1				
2				
…				

表 1-2 杉木林各性状之间的描述性统计

性状	均值	标准偏差	偏度	丰度	最小值	最大值
树高/m	12.47	1.70	0.74	0.41	9.00	16.00
胸径/cm	30.62	5.53	1.39	1.57	22.80	45.40
材积/m^3	0.51	0.27	1.85	2.72	0.24	1.30
型材比例/%	60.33	9.29	−1.39	6.14	25.77	80.06
木材密度/(kg/m^3)	302.70	44.04	1.46	3.52	242.30	454.30
木材吸水率/%	270.97	43.51	−0.46	0.40	154.70	347.40
管胞长度/μm	3401.17	330.17	−0.29	−0.84	2745.00	3937.00
管胞宽度/μm	47.14	3.16	0.34	0.50	40.15	54.31

图形可以直观且有效地表达复杂的数据，尤其适合分析不同组数据间的差异与趋势，因此图形非常适用于对研究结果进行讨论。常用的数据图包括线图、散点图、柱状图、饼状图、风玫瑰图、三维表面图等。

线图通常用来表示因变量随自变量的变化情况，表示某一种事物或现象的动态可以以单式线图的形式呈现。如果在同一图中表示两种或两种以上事物或现象的动态，可以以复式线图的形式呈现，从而方便不同事物或现象的比较。如图 1-1 所示，随着反应时间的增加多种多环芳烃的去除率趋于稳定。

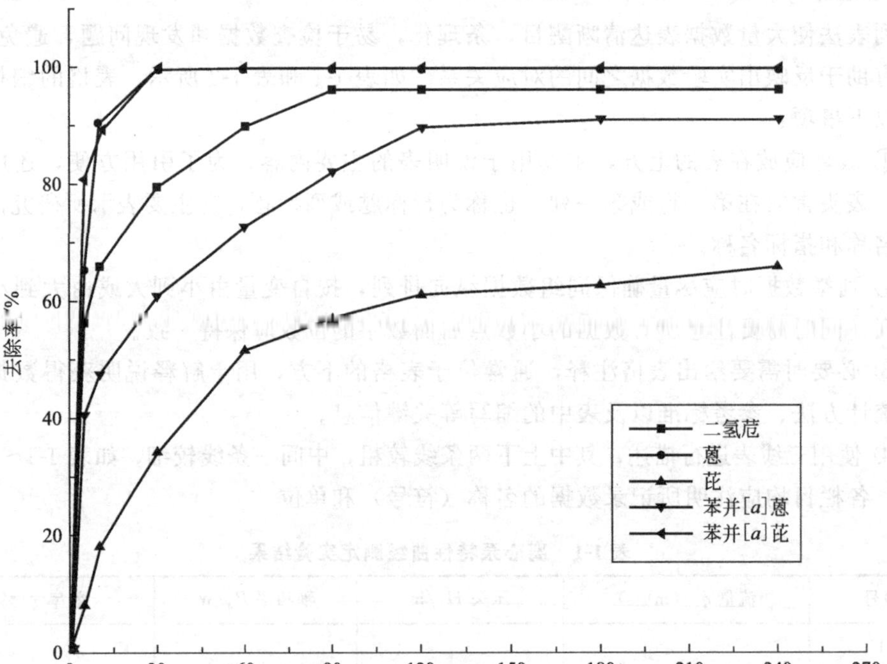

图 1-1 某污染场地土壤中多环芳烃的去除率

散点图是指在回归分析中，数据点在直角坐标系平面上的分布图，散点图表示因变量随自变量而变化的大致趋势，据此可以选择合适的函数对数据点进行拟合。例如在分析化学实验中，常用标准曲线法进行定量分析，其中标准工作曲线就是根据药剂添加量和仪器测得的数据进行绘制，以上两个变量成正相关，所以这时的点散布在从左下角到右上角的区域内，如图 1-2 所示。

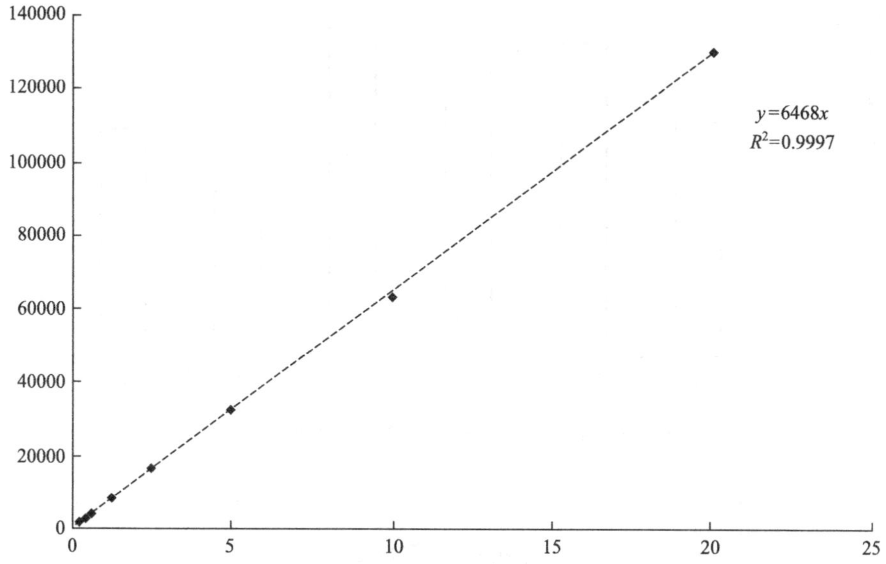

图 1-2　某实验标准曲线绘制

柱状图是用等宽长条的长短或高低来表示数据的大小，以反映各数据的差异。其中两个坐标轴的性质不同，数值轴用来表示数量性因素或变量；分类轴用来表示属性因素或非数量性变量。如图 1-3 所示，分类轴显示了不同的工艺过程，数值轴显示了各工艺过程出水 BOD 的量。

饼状图是表示总体中各组成部分所占的比例，只适合于包含一个数据系列的情况。饼图的总面积看成 100%，以扇形面积的大小来分别表示各项的比例。图 1-4 显示了某地污染物的来源占比，其中自然源占比最少，沉降源占比最多。

如图 1-5 所示，风玫瑰图比较形象、直观，可以利用风玫瑰图评价一个污染源对周围环境的影响或评价某地被污染的状况与当地风的条件有关。风玫瑰图又衍生出污染概率玫瑰图和污染系数玫瑰图，广泛应用在污染气象及大气污染评价工作中。

三维表面图是指三元函数 $Z=f(X,Y)$ 对应的曲面图，根据曲面图可以看出因变量 Z 值随自变量 X 和 Y 值的变化情况，如图 1-6 所示。

图形的制作需要注意以下事项：

① 坐标图的标值应尽量取 0.1～1000 之间的数值，注意数据的量和单位要标明，坐标轴应简明扼要准确表述图形所代表的意义。

② 一幅图形中尽量保证信息全面且清晰，特别是当一些线相互交叉或者距离较近时，应在坐标轴上增加间断点，使线与线之间分离。

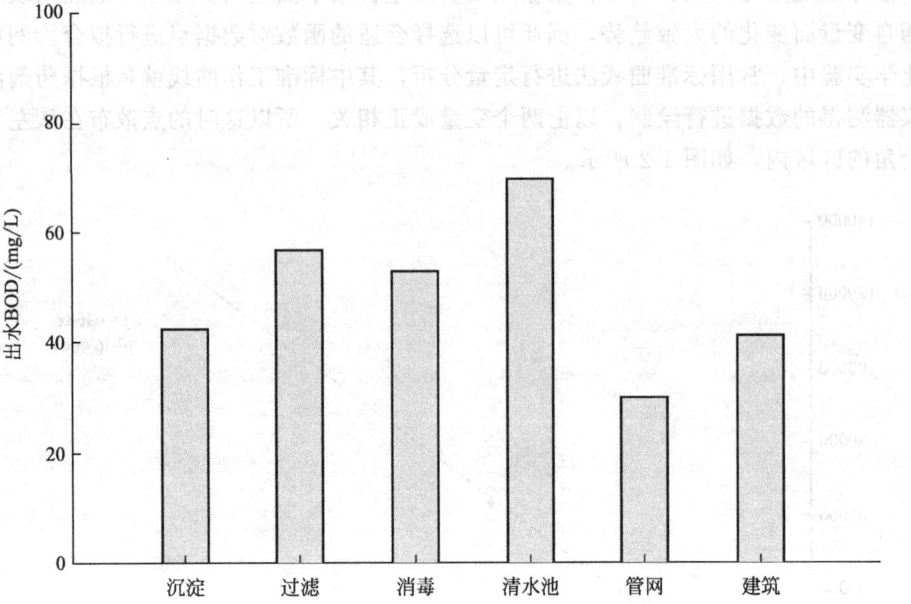

图 1-3　某水厂不同工艺过程出水 BOD 的变化

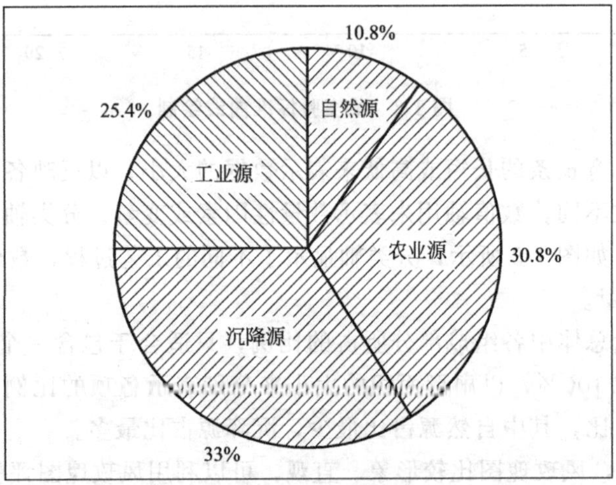

图 1-4　某地污染物来源

③ 形成的栅格图必须具备高清晰度，图中的符号、字母、数字等必须在图注中加以说明。

2. 实验讨论

实验的讨论，重点在于对研究结果的解释和推断，并说明所得的实验结果是否支持或反对某种观点，是否提出了新的问题、理论或观点等。实验的讨论需要遵循以下原则：

① 阐明实验结果所获得的原理及其相互关系，并进行综合、推理和归纳，阐明事

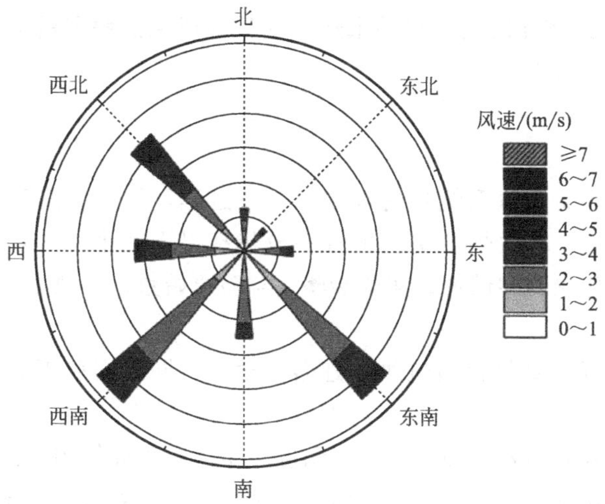

图 1-5 某地风玫瑰图

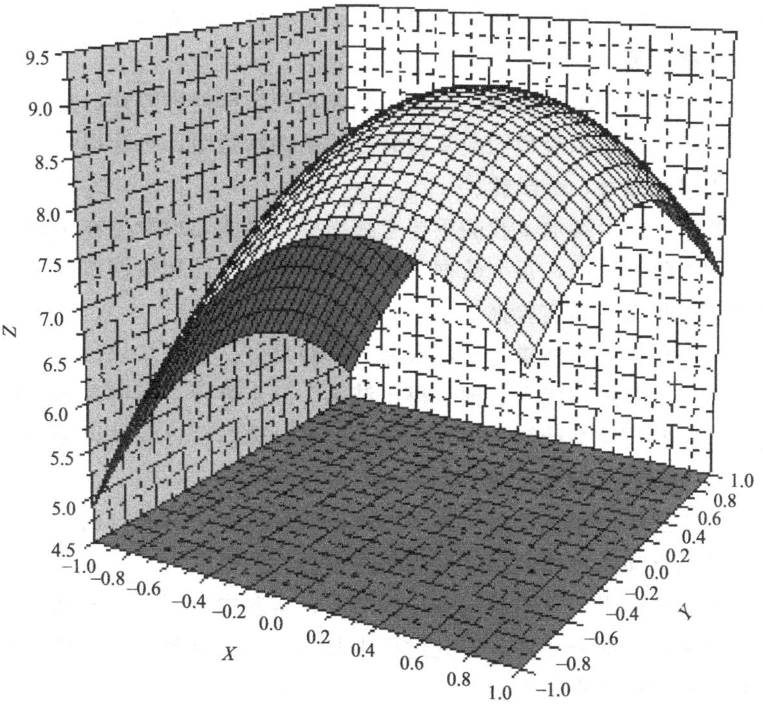

图 1-6 三维表面图

物内在的联系；观点的表述要清楚、明确，对结果的解释要重点突出，着重讨论本研究的重要发现，但不可详细重复结果中的数据。

② 推论要符合逻辑，实事求是，每一条推论都要有证据，避免提出实验数据不足以支持的观点和结论。讨论研究结果的理论意义及其在实际应用方面的可能性，提出大

胆的看法。

③ 对于实验中的例外情况，结果未达预期目的或无法解释的异常现象，应实事求是阐明并分析可能的原因。

四、报告编写

实验报告的撰写是知识系统化的吸收和升华过程，因此，实验报告应该体现完整性、规范性、正确性、有效性。实验报告一般包括以下几个部分：实验名称、实验目的、实验原理、实验仪器和试剂、实验步骤、实验原始数据、数据处理、实验结果、实验心得与体会。

实验报告的首页主要包含系班级、姓名、学号、同组实验者、实验日期、实验名称、指导老师等信息。

实验目的和实验原理要明确，从实践角度，是为了掌握使用实验设备的技能技巧和程序的调试方法；从理论角度，是为了验证定理、公式、算法，使学生获得深刻和系统的理解。因此实验目的和实验原理的编写，要求学生充分理解实验的目的和原理后，参考实验指导书对实验的目的和原理进行重新整合并高度凝练。

实验仪器和试剂根据实验中使用情况如实记录即可。主要包括实验所使用的主要仪器设备名称及规格、编号。

按实验顺序详细记录实验步骤。实验步骤要写明依据何种原理、定律、算法或操作方法进行实验，还应该绘制流程图或实验装置的结构示意图，再配以相应的文字进行说明，简明扼要表述清楚每一个步骤。

实验原始数据是学生参加实验的重要考核指标，因此要求学生在实验过程中及时在实验记录本上记录每个数据，每个数据都应该包含实验条件和数据单位。确认数据与实验结果相符无误后再誊写到实验报告中。

数据处理一般包含过程结果分析和误差分析两部分。过程结果分析需要按照实验指导书上要求遵循"写公式、代入数据、得出结果"三步进行，写明具体的计算过程。误差分析需要参考实验指导书计算得出实验误差。将具体实验过程结果和误差分析整理成表格，绘制曲线、波形图等。

实验结果的陈述应当客观且简明扼要。根据实验过程中所测得的结果进行分析给出结论。如果实验结果涉及具体数字，应当将误差也标注上。

实验心得与体会应当包含实验过程中的感受、实验中应当注意的地方、对实验的反思、实验方案的改进等部分。实验研究过程中收集积累的重要原始资料、实验研究中引用的重要文献资料应列在附录中。

第二章 水中污染物分析

实验一 废水悬浮固体和浊度的测定

一、实验目的

1. 了解水质指标悬浮固体和浊度的意义；
2. 掌握悬浮固体和浊度的测定原理和方法。

二、实验原理

悬浮固体（suspended solid，SS）是指不能通过过滤器（滤纸或者滤膜）的固体物质，表示了水中不溶解的固态物质含量，是重要的水质指标。悬浮固体一般主要是指泥土、沙砾或动植物残余体等直径较大的不溶性杂质微粒。测定时可将水样通过滤料进行截留，将截留到的固体残留物及滤料置于103～105℃下进行烘干后称量，计算其与原始滤料的重量差值，即为悬浮固体（总不可滤残渣）。

浊度是指溶液对光线通过时所产生的阻碍程度，它包括悬浮物对光的散射和溶质分子对光的吸收。水的浊度不仅与水中悬浮固体的含量有关，而且与它们的大小、形状及折射系数等有关。水质分析中规定蒸馏水中含有1mg二氧化硅所构成的浊度为一个标准浊度单位，简称1度。浊度可通过目视比浊法进行测定，通常浊度越高，溶液越浑浊。

三、实验仪器与试剂

1. 实验仪器

①分析天平；②烘箱与干燥器；③玻璃漏斗；④滤膜（0.45μm）及相应的滤器或

中速定量滤纸；⑤称量瓶；⑥研钵；⑦容量瓶；⑧量筒（1000mL）；⑨比色管；⑩具塞玻璃瓶（无色）。

2. 实验试剂

① 浊度标准储备液：将硅藻土过筛（150 目）处理后，称取 10g 置于研钵中并加入少许蒸馏水研磨成糊状，将其转移至量筒中加水至 1000mL 并充分搅拌，静置 24h。将上层悬浮液（800mL）采用虹吸法转移至另一个量筒中，加水至 1000mL 并充分搅拌，静置 24h。将上层悬浮液（800mL）采用虹吸法转移弃去，将下部沉积物加水稀释至 1000mL，充分搅拌后储存于具塞玻璃瓶，其中含硅藻土颗粒直径约为 400μm。

量取 50mL 上述悬浊液置于恒温的蒸发皿中，水浴蒸干，于 105℃烘箱中烘干 2h，待干燥器冷却（约 30min）后称量。重复上述烘干-冷却-称量操作，直至恒重（即两次称量质量相差小于 0.0005g）。求出每毫升悬浊液中所含硅藻土的质量（mg）。

② 浊度 250 度的标准液：吸取含有 250mg 硅藻土的悬浊液置于 1000mL 容量瓶中，加水至标线，混合均匀。

③ 浊度 100 度的标准液：吸取浊度 250 度的标准液 100mL 于 250mL 容量瓶中，加水至标线，混合均匀。

四、实验步骤

1. 悬浮固体的测定

① 原始滤膜称量：将滤膜置于称量瓶中，开盖情况下于 103～105℃烘箱中烘干 2h，取出冷却后盖好瓶盖进行称量。重复上述步骤至恒重。

② 过滤水样：将水样去除漂浮物后振荡，量取适量水样（悬浮物大于 2.5mg）并使其通过上述滤膜。之后，用蒸馏水清洗残渣 3～5 次。

③ 滤膜复称：小心取下滤膜，置于原称量瓶中，开盖情况下于 103～105℃烘箱中烘干 2h，取出冷却后盖好瓶盖进行称量，重复上述步骤至恒重。

2. 浊度的测定

(1) 浊度低于 10 度的水样

取 11 个 100mL 的比色管，分别加入 0.0mL、1.0mL、2.0mL、3.0mL、4.0mL、5.0mL、6.0mL、7.0mL、8.0mL、9.0mL 及 10.0mL 浊度 100 度的标准液，稀释至刻度线后，其所对应的浊度分别为 0.0 度、1.0 度、2.0 度、3.0 度、4.0 度、5.0 度、6.0 度、7.0 度、8.0 度、9.0 度和 10.0 度的标准液。

取 100mL 水样于比色管中摇匀，与浊度标准液进行比较。对比过程可在黑色底板上由上往下垂直观察，选出与水样产生相近视觉效果的标准液，记录浊度值。

(2) 浊度高于 10 度的水样

取 11 个 250mL 的容量瓶，分别加入 0.0mL、10.0mL、20.0mL、30.0mL、40.0mL、50.0mL、60.0mL、70.0mL、80.0mL、90.0mL 及 100.0mL 浊度 250 度的标准液，稀释至刻度线后，其所对应的浊度分别为 0.0 度、10.0 度、20.0 度、30.0 度、40.0 度、50.0 度、60.0 度、70.0 度、80.0 度、90.0 度和 100.0 度的标准液。

取 250mL 混合均匀的水样于具塞玻璃瓶中，瓶后放一有黑线的白纸板作为判别标志。从瓶前向后观察，根据目标的清晰程度选出与水样产生相近视觉效果的标准液，记录浊度值。

五、数据记录与处理

① 悬浮固体：

$m_1=$ (g)；$m_2=$ (g)

$$悬浮固体\left(SS,\frac{mg}{L}\right)=\frac{(m_1-m_2)\times1000\times1000}{V}$$

式中 m_1——悬浮固体、滤膜及称量瓶的质量，g；

m_2——滤膜及称量瓶的质量，g；

V——水样体积，mL。

② 浊度：水样浊度可直接读数。

六、注意事项

① 实验仪器中①～⑤为测定悬浮固体时所用，⑥～⑩为测定浊度时所用。

② 实验试剂为测定浊度时所用。

③ 应将树叶、水草及木棒等杂质先从测定悬浮固体的水样中去除。

④ 当水样黏度过高时，可对其进行稀释后测定悬浮固体。

⑤ 在悬浮固体测定时，若样品中含有油脂，在②过滤水样时，用 10mL 石油醚分两次对残渣进行淋洗。

⑥ 若浊度标准液需长期储存，为防菌类生长，需于各浊度标准液中加入氯化汞($HgCl_2$)，氯化汞剧毒因而在使用中应注意安全。

⑦ 水样浊度超过 100 度时，可用水稀释后测定。

七、思考与讨论

① 水中悬浮固体和浊度有何异同？

② 浊度还可通过何种方法进行测定？

实验二

色度的测定

一、实验目的

1. 了解水质指标色度的意义；

2. 掌握铂钴比色法和稀释倍数法测定水中色度的原理和方法。

二、实验原理

水是无色透明的，当水中存在某些物质时，会表现出一定的颜色。色度由溶解性物质和不溶解性悬浮物产生的表观颜色共同决定，可使用铂钴比色法和稀释倍数法对其进行测定。其中，铂钴比色法是用六氯铂酸钾和氯化钴配制铂钴标准溶液，将水样与其进行目视比较，测定水样的色度。稀释倍数法是将水样稀释至与水相比无视觉感官区别，用稀释后的总体积与原体积的比表达颜色的强度，单位为倍，并通常辅以对颜色性质（如深蓝色或棕黄色等）的描述。

三、实验仪器与试剂

1. 实验仪器

①比色管（50mL）；②容量瓶；③量筒；④烧杯；⑤玻璃棒；⑥滤膜（0.2μm）；⑦移液管。

2. 实验试剂

① 光学纯水：将滤膜（0.2μm）置于100mL蒸馏水或去离子水中浸泡1h，之后用它过滤蒸馏水或去离子水，弃去最初的250mL，之后所得水可配制标准溶液并作为稀释水使用。

② 铂钴标准溶液（500度）：称取1.246g六氯铂酸钾（K_2PtCl_6）及1.000g六水合氯化钴（$CoCl_2 \cdot 6H_2O$）溶于500mL水中，加入100mL盐酸（$\rho=1.18g/mL$），用水稀释，定容至1000mL，密封于暗处存放。

四、实验步骤

1. 铂钴比色法

① 色度标准溶液：取13个50mL比色管，分别加入0mL、0.5mL、1.0mL、1.5mL、2.0mL、2.5mL、3.0mL、3.5mL、4.0mL、4.5mL、5.0mL、6.0mL及7.0mL

铂钴标准溶液（500度），用光学纯水稀释至刻度线后，其所对应的分别为0度、5度、10度、15度、20度、25度、30度、35度、40度、45度、50度、60度和70度的标准液。

② 量取50mL水样于50mL比色管中，与色度标准溶液进行比较。观察时，可将比色管置于白纸或白瓷板上，使光线从管底部向上透过液柱，目光自管口垂直向下观察，选出与水样产生相近视觉效果的标准液，记录色度。

2. 稀释倍数法

① 颜色性质描述：取100～150mL水样于烧杯中，以白纸或白瓷板作为背景，观察并描述其颜色种类。

② 将水样用光学纯水稀释成不同的倍数，量取50mL稀释后的水样于50mL比色管中，用白纸或白瓷板衬于比色管底部，使光线从管底部向上透过液柱，目光自管口垂直向下观察水样的颜色，选出与蒸馏水产生相近视觉效果的水样，记录该水样的稀释倍数。

五、数据记录与处理

① 铂钴比色法：

$V=$ (mL)；$A=$ (度)

$$色度(度)=\frac{A}{V}\times 50\text{mL}$$

式中 A——稀释后水样的色度观察值，度；

V——水样的体积，mL。

② 稀释倍数法：描述水样颜色性质并记录稀释倍数。

六、注意事项

① pH值对铂钴比色法测定水样色度有较大的影响，在测定时应关注水样的pH值。

② 水样色度包含表色和真色，真色是指去除悬浮固体后水的颜色。若测定水样表色时，可待水样中大颗粒悬浮物沉降后取上清液测定。若测水样真色时，应去除水样中悬浮物后进行测定。

③ 若水样中含有泥土或分散很细的悬浮物时，对水样进行预处理后仍不处于透明状态，则只测其表色。

七、思考与讨论

① 根据实验条件和实际操作情况，分析影响测定色度准确度的因素有哪些？

② 在使用铂钴比色法测定色度时，为什么水样pH值能影响测定结果？

实验三

化学需氧量的测定

一、实验目的

1. 了解化学需氧量的含义；
2. 掌握重铬酸钾法测定化学需氧量的原理和方法。

二、实验原理

化学需氧量（Chemical Oxygen Demand，COD）是指在一定的条件下，采用一定的强氧化剂处理水样时所消耗的氧化剂量。它是表示水中还原性物质含量的一个指标。水中的还原性物质包括各种有机物、亚硝酸盐、硫化物、亚铁盐等，但主要的是有机物。COD越大，表明水体受有机物的污染越严重。

重铬酸钾（$K_2Cr_2O_7$）具有强氧化性，在酸性条件下加入硫酸银进行催化作用时，直链脂肪族化合物可有效地被氧化。用重铬酸钾作氧化剂所测得的值称为COD_{Cr}（单位mg/L）。过量的重铬酸钾，以试亚铁灵作指示剂，用硫酸亚铁铵溶液回滴，由消耗的重铬酸钾量可计算出水样中有机物的含量。无机还原性物质如硫化物、亚硝酸盐及亚铁盐等会使测试结果增大，其需氧量也是COD_{Cr}的一部分。但是，芳香族有机物及吡啶难被氧化，存在于气相的挥发性有机物因与氧化剂液体接触不充分，氧化效果不明显。

重铬酸钾与有机物的反应：

$$2Cr_2O_7^{2-}+16H^++3C \longrightarrow 4Cr^{3+}+8H_2O+3CO_2\uparrow$$

过量的重铬酸钾以试亚铁灵作指示剂，用亚铁盐溶液回滴：

$$Cr_2O_7^{2-}+14H^++6Fe^{2+} = 6Fe^{3+}+2Cr^{3+}+7H_2O$$

本方法主要的干扰物为氯化物，若水样中含有氯离子则易被重铬酸钾氧化，与催化剂硫酸银反应生成沉淀，从而影响测试结果。为避免干扰，可使用硫酸汞络合氯离子生成可溶性的氯汞络合物以排除干扰。硫酸汞溶液的用量可根据水样中氯离子的含量，按质量比$m(HgSO_4):m(Cl^-)\geqslant 20:1$加入，最大加入量为2mL（根据氯离子最大允许浓度为1000mg/L计算）。

三、实验仪器与试剂

1. 实验仪器：

①锥形瓶（500mL）；②容量瓶（100mL）；③移液管（10mL）；④酸式滴定管

(50mL)；⑤回流装置（带磨口锥形瓶，冷凝装置）；⑥防暴沸玻璃珠。

2. 实验试剂：

除特殊说明外，均为分析纯试剂。

① 重铬酸钾（$K_2Cr_2O_7$）。

② 硫酸（H_2SO_4）：$\rho=1.84g/mL$。

③ 硫酸银（Ag_2SO_4）。

④ 硫酸汞（$HgSO_4$）。

⑤ 硫酸亚铁铵［$(NH_4)_2Fe(SO_4)_2 \cdot 6H_2O$］。

⑥ 七水合硫酸亚铁（$FeSO_4 \cdot 7H_2O$）。

⑦ 硫酸溶液：1+9（体积）。

⑧ 试亚铁灵指示剂：0.7g 七水合硫酸亚铁（$FeSO_4 \cdot 7H_2O$）和 1.5g 邻菲啰啉（1,10-菲啰啉）溶于水，稀释至 100mL。

⑨ 重铬酸钾标准溶液：$c\left(\frac{1}{6}K_2Cr_2O_7\right)=0.250mol/L$，将 12.258g 重铬酸钾（$K_2Cr_2O_7$）置于 105℃下干燥 2h 后溶于水，稀释至 1000mL。

⑩ 硫酸汞溶液（$\rho=100g/L$）：称取 10g 硫酸汞（$HgSO_4$），溶于 100mL 硫酸溶液（1+9），混合均匀。

⑪ 硫酸银-硫酸溶液：向 1L 硫酸中加入 10g 硫酸银（Ag_2SO_4），放置 1～2 天使之溶解并混合均匀，使用前小心摇匀。

⑫ 硫酸亚铁铵标准溶液（$c\approx0.05mol/L$）：

a. 将 19.5g 硫酸亚铁铵［$(NH_4)_2Fe(SO_4)_2 \cdot 6H_2O$］溶解于水中，加入 10mL 硫酸，待溶液冷却后稀释至 1000mL；

b. 每日临用前，须用 0.250mol/L 的重铬酸钾标准溶液准确标定此溶液的浓度，标定时应做平行双样。具体取 5.00mL 重铬酸钾标准溶液（0.250mol/L）置于锥形瓶中，用水稀释至约 50mL，缓慢加入 15mL 硫酸，混合均匀后冷却，加 3 滴（约 0.15mL）试亚铁灵指示剂，用硫酸亚铁铵溶液滴定溶液的颜色由黄色经蓝绿色变为红褐色，即为终点。记录下硫酸亚铁铵溶液的消耗量；

c. 硫酸亚铁铵标准溶液浓度的计算：

$$c_{Fe^{2+}}(mol/L)=\frac{5.00\times0.250}{V_{Fe^{2+}}}=\frac{1.25}{V_{Fe^{2+}}}$$

式中，$V_{Fe^{2+}}$ 为滴定时消耗硫酸亚铁铵溶液的体积，mL。

四、实验步骤

1. 样品的采集和保存

样品采集后置于玻璃瓶中，加入硫酸将 pH 调节至 2 以下以抑制微生物生命活动，于 4℃冷藏保存，并在 48h 内测试分析。

2. 样品的测定

(1) COD_{Cr} 浓度≤50mg/L 的样品

取 10.0mL 水样于锥形瓶中，依次加入硫酸汞溶液、重铬酸钾标准溶液（0.0250mol/L）5.0mL 和几颗防暴沸玻璃珠，摇匀。硫酸汞溶液按质量比 $m(HgSO_4):m(Cl^-)\geqslant 20:1$ 的比例加入，最大加入量为 2mL。

将锥形瓶连接到回流装置冷凝管下端，从冷凝管上端缓慢加入 15mL 硫酸银-硫酸溶液，以防止低沸点有机物的逸出，不断旋动锥形瓶使之混合均匀。自溶液开始沸腾起保持微沸回流 2h。若为水冷装置，应在加入硫酸银-硫酸溶液之前通入冷凝水。

回流并冷却后，自冷凝管上端加入 45mL 水冲洗冷凝管，取下锥形瓶。

溶液冷却至室温后，加入 3 滴试亚铁灵指示剂，用硫酸亚铁铵标准溶液（0.05mol/L）滴定，溶液的颜色由黄色经蓝绿色变为红褐色即为终点。记录硫酸亚铁铵标准溶液的消耗体积 V_1。

注：样品浓度低时，取样体积可适当增加，同时其他试剂量也应按比例增加。

空白实验：按照样品测定的相同步骤以 10.0mL 蒸馏水代替水样进行空白实验，记录空白滴定时消耗硫酸亚铁铵标准溶液 V_0。

注：空白实验中硫酸银-硫酸溶液和硫酸汞溶液的用量应与样品中的用量保持一致。

（2）$COD_{Cr}\geqslant 50$mg/L 的样品

取 10.0mL 水样于锥形瓶中，依次加入硫酸汞溶液、重铬酸钾标准溶液（0.250mol/L）5.0mL 和几颗防暴沸玻璃珠，摇匀。硫酸汞溶液按质量比 $m(HgSO_4):m(Cl^-)\geqslant 20:1$ 的比例加入，最大加入量为 2mL。

将锥形瓶连接到回流装置冷凝管下端，从冷凝管上端缓慢加入 15mL 硫酸银-硫酸溶液，以防止低沸点有机物的逸出，不断旋动锥形瓶使之混合均匀。自溶液开始沸腾起保持微沸回流 2h。若为水冷装置，应在加入硫酸银-硫酸溶液之前通入冷凝水。

回流并冷却后，自冷凝管上端加入 45mL 水冲洗冷凝管，取下锥形瓶。

溶液冷却至室温后，加入 3 滴试亚铁灵指示剂，用硫酸亚铁铵标准溶液（0.05mol/L）滴定，溶液的颜色由黄色经蓝绿色变为红褐色即为终点。记录硫酸亚铁铵标准溶液的消耗体积 V_1。

注：对于污染严重的水样，可选取所需体积 1/10 的水样放入硬质玻璃管中，加入 1/10 的试剂，摇匀后加热至沸腾数分钟，观察溶液是否变成蓝绿色。如呈蓝绿色，应再适当少取水样，直至溶液不变为蓝绿色为止，从而可以确定待测水样的稀释倍数。

空白实验：按照样品测定的相同步骤以 10.0mL 蒸馏水代替水样进行空白实验，记录空白滴定时消耗硫酸亚铁铵标准溶液 V_0。

五、数据记录与处理

$V_{Fe^{2+}}=$　　（mL）；$V_0=$　　（mL）；$V_1=$　　（mL）；$V_2=$　　（mL）

$$COD(O_2,mg/L)=\frac{(V_0-V_1)c_{Fe^{2+}}\times 8000}{V_2}\times f$$

式中 $c_{Fe^{2+}}$——硫酸亚铁铵标准溶液的浓度，mol/L；

V_0——空白实验消耗的硫酸亚铁铵标准溶液的体积，mL；

V_1——水样测定消耗的硫酸亚铁铵标准溶液的体积，mL；

V_2——加热回流时所取水样的体积，mL；

8000——$1/4O_2$ 的摩尔质量以 mg/L 为单位的换算值；

f——样品的稀释倍数。

六、注意事项

① 消解时应使溶液缓慢沸腾，不宜暴沸。如出现暴沸，说明溶液中出现局部过热，会导致测定结果有误。暴沸的原因可能是加热过于激烈，或是防暴沸玻璃珠的效果不好。

② 试亚铁灵指示剂的加入量虽然不影响临界点，但应该尽量一致。当溶液的颜色先变为蓝绿色再变为红褐色即达到终点，几分钟后可能还会重现蓝绿色。

七、思考与讨论

① 在测定中硫酸汞和硫酸银分别起何作用?

② 化学需氧量（COD）与高锰酸盐指数有何区别?

③ 在测定 COD_{Cr} 消解回流的过程中，如水样变绿，说明什么问题? 应如何处理?

④ 若采用不同的稀释倍数，测定结果不一致，数据该如何处理?

实验四

溶解氧的测定

一、实验目的

1. 了解水质指标溶解氧的意义；
2. 掌握碘量法测定水中溶解氧的原理和方法。

二、实验原理

溶解氧（Dissolved Oxygen，DO）是指溶解于水中分子态的氧。水中溶解氧的含量与外界环境因素相关，如大气压下降、水温上升及含盐量增加均会导致溶解氧含量下降。清洁的地表水溶解氧含量接近饱和，当水质受到有机物质及无机物质等污染时，溶解氧含量下降，甚至趋于零，水质恶化。一般规定水体中溶解氧最低含量为 4mg/L。在废（污）水生化处理中，溶解氧是一项重要的评价指标。

测定水中溶解氧的方法有碘量法、修正碘量法及氧电极法等。清洁水体可用碘量法，受污染的水体和工业废水必须用修正碘量法或氧电极法。

1. 清洁水体

碘量法在水样中加入硫酸锰和碱性碘化钾，水中的溶解氧将低价锰氧化成高价锰，生成四价锰的氢氧化物棕色沉淀。反应式如下：

$$MnSO_4 + 2NaOH = Mn(OH)_2\downarrow(白色) + Na_2SO_4$$

$$2Mn(OH)_2 + O_2 = 2MnO(OH)_2\downarrow(棕色)$$

加酸后，沉淀溶解并与碘离子发生反应，释放出游离碘。反应式如下：

$$MnO(OH)_2 + 2H_2SO_4 = Mn(SO_4)_2 + 3H_2O$$

$$Mn(SO_4)_2 + 2KI = MnSO_4 + K_2SO_4 + I_2$$

用淀粉作指示剂，用 $Na_2S_2O_3$ 标准溶液滴定释放出的碘，可计算出溶解氧的含量。反应式如下：

$$2Na_2S_2O_3 + I_2 = 2NaI + Na_2S_4O_6$$

$$O_2 \rightarrow 2Mn(OH)_2 \rightarrow 2I_2 \rightarrow 4Na_2S_2O_3$$

根据反应方程式发现 1mol 的 O_2 和 4mol 的 $Na_2S_2O_3$ 相当，因此可用 $Na_2S_2O_3$ 标准溶液物质的量除以 4 乘氧的摩尔质量，再乘 1000 可得每升水样中所含有氧的质量（mg）。

2. 生化处理后的废（污）水

此类水样中含有亚硝酸盐，与碘化钾反应对结果产生干扰。可使用叠氮化钠对亚硝酸盐进行分解，之后再使用碘量法进行测定。实验操作步骤同碘量法，仅需将碱性 KI 改为碱性 KI-NaN_3 溶液。反应式如下：

$$2NaN_3 + H_2SO_4 = 2HN_3 + Na_2SO_4$$

$$H^+ + HN_3 + NO_2^- = N_2 + N_2O + H_2O$$

三、实验仪器与试剂

1. 实验仪器

①溶解氧瓶（250mL）；②酸式滴定管（50mL）；③锥形瓶（250mL）；④移液管（1mL，25mL）；⑤量筒（10mL，100mL）；⑥洗耳球。

2. 实验试剂

除特殊说明外，均为分析纯试剂。

① 硫酸锰溶液：称取 480g 的 $MnSO_4 \cdot 4H_2O$ 溶于水，稀释至 1000mL。

② 碱性碘化钾溶液：称取 500g 氢氧化钠（NaOH）溶于 400mL 水，称取 150g 碘化钾（KI）溶于 200mL 水，冷却后将两种溶液混合摇匀，定容至 1000mL。

③ 碱性碘化钾-叠氮化钠溶液：称取 500g 氢氧化钠（NaOH）溶于 400mL 水，称取 150g 碘化钾（KI）溶于 200mL 水，10g 叠氮化钠（NaN_3）溶于 40mL 水，冷却后将三种溶液混合摇匀，定容至 1000mL。

④ 硫酸溶液：1+1（体积）。

⑤ 1%淀粉溶液：称取 1g 可溶性淀粉，用少量水调成糊状，再用刚煮沸的热水稀释至 100mL，冷却后加入 0.1g 水杨酸或 0.4g 氯化锌防腐。

⑥ 重铬酸钾标准溶液：$c\left(\frac{1}{6}K_2Cr_2O_7\right) = 0.250mol/L$，将 12.258g 重铬酸钾（$K_2Cr_2O_7$）置于 105℃下干燥 2h 后溶于水，稀释至 1000mL。

⑦ 硫代硫酸钠溶液：将 3.2g 的 $Na_2S_2O_3 \cdot 5H_2O$ 溶于去离子水中，加入 0.2g 碳酸钠，稀释至 1000mL，于棕色瓶中保存。使用前用 0.0250mol/L 的重铬酸钾标准溶液标定，具体方法如下：

将 1g 碘化钾、100mL 水、10.00mL 重铬酸钾标准溶液（$c=0.0250mol/L$）及 5mL 硫酸溶液（1+1）加入 250mL 碘量瓶中密塞摇匀。将混合溶液置于暗处静置 5min 后，使用硫代硫酸钠溶液滴定混合溶液至淡黄色，加入 1mL 淀粉溶液继续滴定至蓝色刚好褪去为止，记录用量。

$$c = \frac{10.00 \times 0.250}{V}$$

式中 c——硫代硫酸钠溶液的浓度，mol/L；

V——滴定时消耗硫代硫酸钠溶液的体积，mL。

四、实验步骤

1. 样品的采集

将水样采集至溶解氧瓶，使水样充满 250mL 的溶解氧瓶，并用瓶塞缓缓盖上并保证无气泡产生。

2. 溶解氧的固定

在取样现场使用移液管分别吸取 1mL 硫酸锰溶液和 2mL 碱性碘化钾溶液（或碱性碘化钾-叠氮化钠溶液）加入溶解氧瓶的液面下，盖好瓶塞并保证无气泡产生，将瓶身颠倒振荡混合数次，摇匀后静置。将固定了溶解氧的水样带回实验室测定。

3. 碘析出

使用移液管吸取 2mL 硫酸溶液（1＋1）加入溶解氧瓶的液面下，盖好瓶塞并保证无气泡产生，将瓶身颠倒振荡混合数次直至沉淀物完全溶解，置于暗处静置 5min 使 I_2 全部析出。

4. 滴定

使用移液管吸取 50mL 上述溶液于 250mL 锥形瓶中，用硫代硫酸钠溶液滴定溶液至浅黄色，加入 1mL 淀粉溶液，继续用硫代硫酸钠溶液滴定溶液至蓝色刚好褪去为止，记录消耗硫代硫酸钠溶液的体积。按照上述方法平行测定两次。

五、数据记录与处理

$V_1=$ （mL）；$V_2=$ （mL）；取平均值 $V=$ （mL）

$$\text{溶解氧}(O_2, mg/L)=(cV\times 8\times 1000)/50$$

式中 V——滴定时消耗硫代硫酸钠溶液的体积，mL；

c——硫代硫酸钠溶液的浓度，mol/L；

8——1/4 氧（O_2）摩尔质量，g/mol。

六、注意事项

① 水样中的溶解氧很不稳定，需在现场采样阶段加入固定溶解氧的试剂（硫酸锰溶液和碱性碘化钾溶液），以避免溶解氧在运输及保存过程中发生损失。

② 若采样时水温和气温相差过大，应将采样瓶浸没于装有该水样的桶内消除温差影响。

③ 取水样的过程中，必须保持瓶内无气泡的状态，否则气泡中的氧会干扰测试结果。

④ 若水样呈强酸性或强碱性，可用氢氧化钠或硫酸溶液调至中性后测定。

⑤ 若水样中含有亚硝酸盐，需使用叠氮化钠对亚硝酸盐进行分解以消除干扰。

七、思考与讨论

① 测定溶解氧的水样与一般水样在采集时有何不同？

② 根据实验条件和实际操作情况，分析影响测定溶解氧准确度的因素有哪些？

实验五

五日生化需氧量的测定

一、实验目的

1. 了解水质指标五日生化需氧量（BOD_5）的意义；

2. 掌握稀释与接种法测定水中 BOD_5 的原理和方法。

二、实验原理

生化需氧量（Biochemical Oxygen Demand，BOD）是指好氧微生物氧化分解单位体积水中有机物所消耗的溶解氧的数量。主要用于监测水体中有机物的污染状况。一般有机物均可被微生物分解，但微生物分解水中有机物时需要消耗氧，若水中的溶解氧不足以供给微生物的需要，水体就处于污染状态。

测定水中 BOD 的方法有稀释与接种法、微生物电极法、压差法及库仑滴定法等。本实验采用稀释与接种法。

微生物分解水中有机物的生化全过程进行的时间很长，如在 20℃且氧充足的条件下对 BOD 进行测定时，一般有机物 20d 才能够基本完成第一阶段的氧化分解过程（完成过程的 99%）。就是说，在理想条件下测定第一阶段的生化需氧量，需要 20d，这在实际工作中是难以做到的。因此，目前国内外为此又规定了一个标准时间，一般以 5d±4h 作为测定 BOD 的标准时间，称为五日生化需氧量。通常情况下指水样充满完全密闭的溶解氧瓶，在（20±1）℃的暗处培养 5d±4h，分别测定培养前后水样中溶解氧的质量浓度，由培养前后溶解氧的质量浓度之差，计算出每升水样消耗的溶解氧的量，以 BOD_5 表示（O_2，mg/L）。

若所测水样中含有较多的有机物（BOD_5 的质量浓度大于 6mg/L），需要对水样进行稀释处理以降低浓度来保证溶解氧的充足。对不含或含微生物少的水样，一般为工业废水如酸性废水、碱性废水、冷冻保存的废水或高温废水等，在测定 BOD_5 时应接种能分解废水中有机物的微生物。若水样中存在特殊污染物且其难以被一般生活污水中的微生物以正常速率分解时，应将驯化后的微生物接种至该水样中。

三、实验仪器与试剂

1. 实验仪器：

①溶解氧瓶（250～300mL）；②稀释容器（1000mL 量筒或容量瓶）；③磁力搅拌

器；④移液管（2mL，10mL，20mL）；⑤虹吸管；⑥滤膜（1.6μm）；⑦恒温培养箱；⑧溶解氧测定仪；⑨冰箱；⑩曝气装置。

2. 实验试剂：

除特殊说明外，均为分析纯试剂。

① 磷酸盐缓冲溶液：称取 8.5g 的磷酸二氢钾（KH_2PO_4）、21.8g 的磷酸氢二钾（K_2HPO_4）、1.7g 的氯化铵（NH_4Cl）及 33.4g 的七水合磷酸二钠（$Na_2HPO_4 \cdot 7H_2O$）溶于水，稀释至 1000mL，此溶液的 pH=7.2。

② 硫酸镁溶液（ρ=11.0g/L）：称取 22.5g 的七水合硫酸镁（$MgSO_4 \cdot 7H_2O$）溶于水，稀释至 1000mL。

③ 氯化钙溶液（ρ=27.6g/L）：称取 27.6g 的无水氯化钙（$CaCl_2$）溶于水，稀释至 1000mL。

④ 氯化铁溶液（ρ=0.15g/L）：称取 0.25g 的六水合氯化铁（$FeCl_3 \cdot 6H_2O$）溶于水，稀释至 1000mL。

⑤ 稀释水：水温为（20±1）℃时溶解氧含量为 8mg/L，使用前每升水中加入磷酸盐缓冲溶液、硫酸镁溶液、氯化钙溶液及氯化铁溶液各 1.0mL，混合均匀。

⑥ 接种液：未受工业污染的生活污水（COD≤300mg/L，TOC≤100mg/L），或污水处理厂的出水。

⑦ 氢氧化钠溶液（c=0.5mol/L）：称取 20g 的氢氧化钠（NaOH）溶于水，稀释至 1000mL。

⑧ 盐酸溶液（c=0.5mol/L）：将 40mL 浓盐酸（HCl）溶于水，稀释至 1000mL。

⑨ 亚硫酸钠溶液（c=0.025mol/L）：称取 3.15g 亚硫酸钠（Na_2SO_3）溶于水，稀释至 1000mL，此溶液不稳定需现用现配。

⑩ 葡萄糖-谷氨酸标准溶液：将葡萄糖和谷氨酸置于 130℃下干燥 60min 后，各称取 150mg 溶于水，稀释至 1000mL。此标准溶液的 BOD_5 为（210±20）mg/L。

⑪ 丙烯基硫脲硝化抑制剂（ρ=1.0g/L）：称取 0.20g 丙烯基硫脲（$C_4H_8N_2S$）溶于水，稀释至 200mL，于 4℃下保存。

四、实验步骤

1. 接种稀释水的配制

取接种液加入稀释水中（一般每升稀释水中加入接种液的量为：生活污水 1～10mL，河水、湖水为 10～100mL），混合均匀后，pH 为 7.2，BOD_5 小于 1.5mg/L。

2. 样品的预处理

① 若稀释后的水样 pH 值不在 6～8 范围时，需使用盐酸溶液或氢氧化钠溶液调节水样 pH 至 6～8。

② 若水样中含有有毒物质，使用含有驯化接种液的接种稀释水进行稀释，或提高稀释倍数，降低有毒物质的浓度。

③ 若水样中含有少量游离氯，采样后放置 4～5h，游离氯可自然消散。若水样中

的游离氯不能自然消散，需加入亚硫酸钠溶液进行消除。

④ 若水样中含有过饱和的溶解氧，可将水样迅速升温或冷却至20℃左右，并充分振荡去除过饱和的溶解氧。或将样品充满容器体积的2/3，并用力振荡以驱赶过饱和氧。

⑤ 若水样中溶解氧浓度过低，需采用曝气装置处理15min，并充分振荡以驱赶样品中残留的气泡。

3. 样品的制备

水样需按照一定的比例进行稀释处理，样品稀释的程度应使消耗的溶解氧质量浓度不小于2mg/L，培养后样品中剩余的溶解氧质量浓度不小于2mg/L，并且样品中剩余的溶解氧的质量浓度为开始时浓度的1/3～2/3，一般同时做3～4种稀释倍数。若水样中有机物含量较多（BOD_5＞6mg/L）且有足够的微生物，可用稀释水进行稀释；若水样中有机物含量较多（BOD_5＞6mg/L）但无足够的微生物，需使用接种稀释水稀释样品。若水样中含有硝化细菌，需额外添加2mL丙烯基硫脲硝化抑制剂至1000mL的水样中以抑制硝化反应。

水样在测定前温度维持在（20±2）℃，进行稀释操作时先使用虹吸法将稀释水/接种稀释水引入1000mL量筒中，再使用移液管将所需水样加入量筒，最后加入稀释水/接种稀释水至最终体积，并小心混合均匀。将制备好的水样用虹吸法引入并完全充满2个培养瓶，盖好盖子并采用水封进行密闭处理。整个操作过程中避免产生气泡。空白试样为稀释水或接种稀释水。

4. 溶解氧的测定

从每一种稀释倍数的水样中取一瓶，并取空白试样，使用磁力搅拌器配合溶解氧测定仪测定水样中的溶解氧。其余水样置于20℃的恒温培养箱中培养5d，于5个完整昼夜培养后取出测定溶解氧。

5. 样品的质量检查

每一批样品做一个标准样品，标准样品的配制方法如下：取20mL葡萄糖-谷氨酸标准溶液于稀释容器中，用接种稀释水稀释至1000mL，测定BOD_5，结果应在180～230mg/L范围内，否则应检查接种液、稀释水的质量。

五、数据记录与处理

数据记录可参考表2-1。

表2-1 各样品瓶内溶解氧值 单位：mg/L

稀释倍数-编号	0-1	0-2	10-1	10-2	20-1	20-2
5天前						
5天后						

$$BOD_5(O_2, mg/L)=\frac{(D_1-D_2)-(B_1-B_2)f_1}{f_2}$$

式中 D_1——水样培养液在培养前的溶解氧质量浓度，mg/L；

D_2——水样培养液在培养后的溶解氧质量浓度，mg/L；

B_1——空白试样在培养前的溶解氧质量浓度，mg/L；

B_2——空白试样在培养后的溶解氧质量浓度，mg/L；

f_1——接种水/接种稀释水在水样培养液中所占的比例；

f_2——水样在水样培养液中所占的比例。

六、注意事项

① 每一批样品需要至少做一组平行样。

② 生化培养的时间需要严格控制。

③ 空白样品中采用稀释水的测定结果不能超过 0.5mg/L，采用接种稀释水的测定结果不能超过 1.5mg/L，否则应检查可能造成的污染来源。

④ 培养 5 天后溶解氧小于 2mg/L，培养 5 天内消耗溶解氧小于 2mg/L 的样品应弃去。

七、思考与讨论

① 如何制备合格的接种稀释水？

② 稀释水和接种稀释水有何区别？

③ 采用稀释水和接种稀释水对水样进行稀释的目的分别是什么？

④ 稀释水和接种稀释水分别适用于哪些水样 BOD_5 的测定？

⑤ 在 BOD_5 的测定过程中，如何科学地确定稀释倍数？

实验六

氨氮的测定

一、实验目的

1. 了解水质指标氨氮的意义；

2. 掌握纳氏试剂分光光度法测定水中氨氮的原理和方法。

二、实验原理

氨氮是指水中以游离态的氨或铵离子等形式存在的氮，其测定方法有纳氏试剂分光光度法、离子选择电极法、气相分子吸收光谱法及水杨酸分光光度法等。本实验采用纳氏试剂分光光度法，其具有操作简便且检测灵敏的优点，但若水中存在金属（如钙、镁和铁等）离子、硫化物、醛或酮类物质，或水中色度和浊度等影响因素均会干扰测定结果，因此需对样品进行相应的预处理。水样中的氨氮在碱性条件下可与纳氏试剂反应生成淡红棕色络合物，该络合物的吸光度和氨氮的含量呈正比关系，通常情况下在420nm 波长处测定吸光度，计算氨氮的含量。

三、实验仪器与试剂

1. 实验仪器

①分光光度计；②比色管；③比色皿；④滤纸；⑤容量瓶；⑥移液管；⑦烧杯；⑧pH 计；⑨蒸馏装置（凯氏烧瓶、氮球、锥形瓶、冷凝管及电炉）；⑩玻璃珠。

2. 实验试剂

除特殊说明外，均为分析纯试剂。

① 纳氏试剂（碘化汞-碘化钾-氢氧化钠溶液）：称取 16.0g 氢氧化钠（NaOH）溶于水，稀释至 50mL 冷却至室温。称取 7.0g 碘化钾（KI）和 10g 碘化汞（HgI_2）溶于水，将此溶液搅拌注入上述氢氧化钠溶液中，稀释至 100mL。此溶液需置于聚乙烯瓶中密封后于暗处存放。

② 氨氮标准储备溶液（$\rho_N=10\mu g/mL$）：将 3.819g 氯化铵（NH_4Cl，优级纯）置于 105℃下干燥 2h 后溶于水，定容至 1000mL 作为浓度为 100mg/L 的母液，然后稀释至 10μg/mL 作为氨氮标准储备溶液。

③ 硫代硫酸钠溶液（$c=3.5g/L$）：称取 3.5g 硫代硫酸钠（$Na_2S_2O_3$）溶于水，稀释至 1000mL。

④ 酒石酸钾钠溶液（ρ＝500g/L）：称取 50.0g 酒石酸钾钠（$KNaC_4H_6O_6 \cdot 4H_2O$）溶于水，为去除氨对其进行加热煮沸，冷却至室温后稀释至 100mL。

⑤ 氢氧化钠溶液（c＝1mol/L）：称取 4.0g 氢氧化钠（NaOH）溶于水，稀释至 100mL。

⑥ 盐酸溶液（c＝1mol/L）：量取 3.1mL 盐酸（ρ＝1.18g/mL）溶于水，稀释至 100mL。

⑦ 硼酸溶液（c＝20g/L）：称取 20.0g 硼酸（H_3BO_3）溶于水，稀释至 1000mL。

⑧ 硫酸锌溶液（c＝100g/L）：称取 10.0g 七水合硫酸锌（$ZnSO_4 \cdot 7H_2O$）溶于水，稀释至 100mL。

⑨ 轻质氧化镁：将氧化镁（MgO）置于 500℃下加热以去除碳酸盐。

⑩ 淀粉-碘化钾试纸：称取 1.5g 的可溶性淀粉于烧杯并加入少量水进行溶解，调制成黏稠状，加入 200mL 沸水后搅拌均匀，冷却至室温，称取 0.50g 碘化钾（KI）和 0.50g 碳酸钠（Na_2CO_3）加入，用水稀释至 250mL，将滤纸置于上述溶液中浸湿后取出晾干，置于棕色玻璃瓶中密封保存。

⑪ 溴百里酚蓝指示剂（c＝0.5g/L）：称取 0.05g 溴百里酚蓝溶于 50mL 水，在溶液中加入 10mL 无水乙醇（C_2H_5OH），用水稀释至 100mL。

四、实验步骤

1. 水样的采集与保存

将水样采集至玻璃瓶或聚乙烯瓶中，尽快分析。如若需要保存，需在水样中加入硫酸将 pH 调节至 2 以下，并置于 4℃的冰箱中冷藏保存，于 7 天内进行测定。

2. 水样的预处理

(1) 去除余氯

若水样中含有余氯，加入硫代硫酸钠溶液进行消除。硫代硫酸钠溶液的添加量根据水样中余氯的含量进行计算，每 0.25mg 余氯加入 0.5mL 硫代硫酸钠溶液，余氯去除后使用淀粉-碘化钾试纸进行确认。

(2) 絮凝沉淀

若水样中含有沉淀，将 1mL 硫酸锌溶液和 0.2mL 氢氧化钠溶液加入至 100mL 水样中，并将样品的 pH 调节为 10.5 后混合均匀，静置或离心使之沉淀，取上清液进行后续分析。若沉淀仍然分离不彻底，可将样品通过经水冲洗过的中速滤纸进行过滤，并弃去 20mL 初滤液后进行分析。

(3) 预蒸馏

量取 50mL 硼酸溶液于锥形瓶（用于接收瓶）中，将冷凝管出口插入硼酸溶液液面下方。量取 250mL 水样于烧瓶中，加入几滴溴百里酚蓝指示剂，用盐酸溶液或氢氧化钠溶液将 pH 值调节至 6.0（指示剂呈黄色）～7.4（指示剂呈蓝色）的范围，在加入数粒玻璃珠和轻质氧化镁后于上方立即连接氮球和冷凝管。打开电炉开始加热进行蒸馏，在蒸馏过程中保持馏出液的速率约为 10mL/min，当馏出液的体积达到 200mL 时关闭电炉停止蒸馏，加水定容至 250mL。

3. 纳氏试剂分光光度法标准曲线的绘制

取 8 个 50mL 的比色管，分别于其中加入 0.00mL、0.50mL、1.00mL、2.00mL、4.00mL、6.00mL、8.00mL 和 10.00mL 的氨氮标准储备溶液，其所对应的氨氮含量分别为 0.0μg、5.0μg、10.0μg、20.0μg、40.0μg、60.0μg、80.0μg 和 100.0μg。加水约 30mL，并加入酒石酸钾钠溶液 1.0mL，混合均匀后加入纳氏试剂 1.5mL，摇匀后加水至标线处。静置 10min 后将部分水样转移至比色皿中，于波长 420nm 下测定吸光度，以水作为参比。在坐标轴上绘制标准曲线时，以空白校正后的吸光度为纵坐标，以其分别对应的氨氮含量（μg）为横坐标。

4. 水样的测定

按照上述绘制标准曲线的操作步骤进行，其中样品为清洁水样或经过预处理的水样，最终测定吸光度。空白试样用水代替水样，其余步骤与水样相同。

五、数据记录与处理

① 氨氮标准溶液的数据记录可参考表 2-2。

表 2-2 氨氮标准溶液记录

编号	1-1	1-2	2-1	2-2	3-1	3-2	4-1	4-2	5-1	5-2	6-1	6-2
氨氮标准使用液/mL												
氨氮/μg												
吸光度												

② 绘制氨氮含量对吸光度的工作曲线。

③ 水中氨氮的质量浓度计算：

$$\text{氨氮}\left(\mathrm{N},\frac{\mathrm{mg}}{\mathrm{L}}\right)=\frac{A_s-A_b-a}{bV}\times D$$

式中 A_s——水样的吸光度；

A_b——空白试样的吸光度；

a——标准曲线的截距；

b——标准曲线的斜率；

V——水样的体积，mL；

D——水样的稀释倍数。

六、注意事项

① 若水样中存在余氯，可加入硫代硫酸钠溶液进行消除。

② 水样在检测的过程中加入适量的酒石酸钾钠溶液可消除钙、镁等金属离子的干扰。

③ 若水样浑浊或含有颜色，可使用絮凝沉淀法或预蒸馏法处理。

④ 实验操作过程中所使用的玻璃器皿需避免氨的污染。

七、思考与讨论

① 絮凝沉淀法和预蒸馏法分别适用于去除水样中何种杂质？两者有何区别？

② 影响氨氮测定结果准确度的因素有哪些？

③ 若水样中氨氮含量过高需对其进行稀释处理，如何确定合理的稀释倍数？

第三章 大气中污染物分析

实验一

空气中 TSP、PM_{10}、$PM_{2.5}$的测定（重量法）

一、实验目的

1. 了解并掌握 TSP、PM_{10}、$PM_{2.5}$等概念；
2. 掌握重量法测定 TSP、PM_{10}、$PM_{2.5}$的原理和方法；
3. 了解颗粒物采样器的使用方法；
4. 通过 TSP、PM_{10}、$PM_{2.5}$的测定数据分析空气质量。

二、实验原理

TSP（总悬浮颗粒物）是指悬浮在空气中，空气动力学当量直径小于等于 100μm 的颗粒物。

PM_{10}是指空气动力学当量直径小于等于 10μm 的大气颗粒物。

$PM_{2.5}$是指空气动力学当量直径小于等于 2.5μm 的大气颗粒物。

这些大气颗粒物不仅影响空气能见度，还是气态、液态、污染物的载体。其成分复杂，并且具有特殊的理化性质及生物活性，严重危害人体健康，是大气环境质量监测的重要项目之一。

用重量法测定 TSP、PM_{10}、$PM_{2.5}$的原理是：分别通过具有一定切割特性的采样器，以恒速抽取定量体积空气，使环境空气中 TSP、PM_{10}、$PM_{2.5}$被截留在已知质量的滤膜上，根据采样前后滤膜的质量差和采样体积，计算出 TSP、PM_{10}、$PM_{2.5}$ 的浓度。

三、实验仪器与装置

① 采样器：中流量（50～150L/min，采集 TSP）、小流量（5～30L/min，采集 PM_{10} 和 $PM_{2.5}$）各一台。

② 流量校准器：中流量、小流量各 1 台。

③ TSP 切割器：切割粒径 $Da_{50}=(100\pm0.5)\mu m$。

④ PM_{10} 切割器：切割粒径 $Da_{50}=(10\pm0.5)\mu m$。

⑤ $PM_{2.5}$ 切割器：切割粒径 $Da_{50}=(2.5\pm0.2)\mu m$。

⑥ 滤膜：根据样品采集目的可选用玻璃纤维滤膜、石英滤膜等无机滤膜或聚氯乙烯、聚丙烯、混合纤维素等有机滤膜。滤膜对 0.3μm 标准粒子的截留效率不低于 99%。空白滤膜按照分析步骤进行平衡处理至恒重，称量后，放入干燥器中备用。

⑦ 滤膜保存盒：应采用对测量结果无影响的惰性材料制造，对滤膜不粘连，方便取放。

⑧ 分析天平：精度 0.1mg 或 0.01mg。

⑨ 恒温恒湿箱（室）：箱（室）内空气温度在 15～30℃范围内可调，控温精度±1℃。箱（室）内空气相对湿度应控制在（50±5）%。恒温恒湿箱（室）可连续工作。

⑩ 干燥器：内盛变色硅胶。

四、实验步骤

1. 样品采集

用分析天平称量已恒重的滤膜，记录滤膜质量 m_1。将已称重的滤膜用镊子放入洁净采样夹内的滤网上，滤膜毛面应朝进气方向。将滤膜牢固压紧至不漏气。安装好 TSP/PM_{10}/$PM_{2.5}$ 切割器，打开采样器，调节流量为 100L/min（中流量）或 16.7L/min（小流量），采集一定的时间。采样结束后，用镊子将滤膜取出。将有尘面两次对折，放入样品盒或纸袋，并做好采样记录。滤膜采集后，如不能立即称重，应在 4℃条件下冷藏保存。

采样后滤膜样品称量按分析步骤进行。

2. 分析步骤

将滤膜放在恒温恒湿箱（室）中平衡 24h，平衡条件为：温度取 15～30℃中任何一点，相对湿度控制在 45%～55%范围内，记录平衡温度与湿度。在上述平衡条件下，用感量为 0.1mg 或 0.01mg 的分析天平称量滤膜，记录滤膜质量 m_2。同一滤膜在恒温恒湿箱（室）中相同条件下再平衡 1h 后称重。两次质量之差小于 0.04mg 为满足恒重要求。

五、结果计算

① 将采样体积按式(3-1)换算成标准状况下的采样体积。

$$V_0=V\frac{P}{P_0}\times\frac{T_0}{t+273} \quad (3\text{-}1)$$

式中，V_0 表示标准状况下的采样体积，m^3；V 表示采样体积，由采气流量乘以采样时间而得，m^3；T_0 表示标准状况的热力学温度，273K；P_0 表示标准状况的大气压力，101.3kPa；P 表示采样时的大气压力，kPa；t 表示采样时的空气温度，℃。

② 空气中 TSP、PM_{10}、$PM_{2.5}$浓度用式(3-2)计算：

$$c=\frac{m_2-m_1}{V_0}\times100 \quad (3\text{-}2)$$

式中，c 表示 TSP、PM_{10} 或 $PM_{2.5}$ 的浓度，mg/m^3；m_2 表示采样后滤膜的质量，g；m_1 表示空白滤膜的质量，g；V_0 表示标准状况下的采样体积，m^3。

六、注意事项

① 采样器每次使用前需进行流量校准。

② 滤膜使用前均需进行检查，不得有针孔或任何缺陷。滤膜称量时要消除静电的影响。

③ 取清洁滤膜若干张，在恒温恒湿箱（室），按平衡条件平衡 24h，称重。每张滤膜非连续称量 10 次以上，求每张滤膜质量的平均值为该张滤膜的原始质量。上述滤膜作为“标准滤膜”。

每次称滤膜的同时，称量两张“标准滤膜”。若标准滤膜称出的质量在原始质量±5mg（大流量）、±0.5mg（中流量和小流量）范围内，则认为该批样品滤膜称量合格，数据可用。否则应检查称量条件是否符合要求并重新称量该批样品滤膜。

④ 要经常检查采样头是否漏气。当滤膜安放正确，采样系统无漏气时，采样后滤膜上颗粒物与四周白边之间界限应清晰，如出现界限模糊时，则表明应更换滤膜密封垫。

⑤ 对电机有电刷的采样器，应尽可能在电机由于电刷原因停止工作前更换电刷，以免使采样失败。更换时间视以往情况确定。更换电刷后要重新校准流量。新更换电刷的采样器应在负载条件下运转 1h，待电刷与转子的整流子良好接触后，再进行流量校准。

⑥ 当 TSP、PM_{10} 或 $PM_{2.5}$ 含量很低时，采样时间不能过短。对于感量为 0.1mg 和 0.01mg 的分析天平，滤膜上颗粒物负载量应分别大于 1mg 和 0.1mg，以减少称量误差。

⑦ 采样前后，滤膜称量应使用同一台分析天平。

⑧ 采样时，采样器入口距地面高度不得低于 1.5m。采样不宜在风速大于 8m/s 等天气条件下进行。采样点应避开污染源及障碍物。如果测定交通枢纽处的 TSP、PM_{10} 或 $PM_{2.5}$，采样点应布置在距人行道边缘外侧 1m 处。

⑨ 采用间断采样方式测定日平均浓度时，其次数不应少于 4 次，累积采样时间不应少于 18h。

七、讨论

① 当采样后滤膜四周白边与颗粒物边界模糊时，说明什么？如何解决？

② 安装滤膜时，毛面向下背向气流方向可以吗？为什么？

③ 不同测量点颗粒物浓度出现差异的原因是什么？

实验二

室内空气中甲醛浓度的测定
（乙酰丙酮分光光度法）

一、实验目的

1. 掌握乙酰丙酮分光光度法测定甲醛的原理和方法；
2. 了解监测区域的室内环境空气质量；
3. 熟悉室内空气环境质量控制和保证的概念。

二、实验原理

室内空气中的甲醛主要来源于建筑材料、家具、各种黏合剂涂料、合成织品等。甲醛是一种具有强烈刺激性、挥发性的有机化合物，对于人体健康的影响十分显著。世界卫生组织将甲醛确定为一级致癌物，认为甲醛与白血病的发生之间存在着因果关系。因此，室内空气中甲醛浓度的监测是评价居住环境的一项重要工作。

甲醛气体经水吸收后，在 pH=6 的乙酸-乙酸铵缓冲溶液中，与乙酰丙酮作用，在沸水浴条件下，迅速生成稳定的黄色化合物。因此可使用分光光度法，在 413nm 处测定其吸光度。

三、实验试剂与仪器

1. 实验试剂

本方法中所用水均为重蒸馏水或去离子交换水，所用的试剂纯度为分析纯。

① 吸收液：不含有机物的重蒸馏水，加少量高锰酸钾的碱性溶液于水中进行蒸馏即得（在整个蒸馏过程中水应始终保持红色，否则应随时补加高锰酸钾）。

② 乙酰丙酮溶液：0.25%（V/V），称 25g 乙酸铵，加少量水溶解，加 3mL 冰乙酸及 0.25mL 乙酰丙酮，混匀再加水至 100mL，调整 pH=6.0，此溶液于 2～5℃储存，可稳定一个月。

③ 盐酸溶液：1+5（$V+V$）。

④ 氢氧化钠溶液：30g/100mL。

⑤ 碘溶液：$c(I_2)$=0.1mol/L，称 40g 碘化钾溶于 10mL 水中，加入 12.7g 碘，溶解后移入 1000mL 容量瓶，用水稀释定容。

⑥ 碘化钾溶液：10g/100mL。

⑦ 碘酸钾溶液：$c(1/6KIO_3)=0.1000mol/L$，称 3.567g 经 110℃ 干燥 2h 的碘酸钾（优级纯）溶于水，于 1000mL 容量瓶稀释定容。

⑧ 淀粉溶液：1%，称 1g 可溶性淀粉，用少量水调成糊状，倒入 100mL 沸水中，呈透明溶液，临用时配制。

⑨ 硫代硫酸钠溶液：$c(Na_2S_2O_3)=0.1mol/L$，称量 25g 硫代硫酸钠（$Na_2S_2O_3 \cdot 5H_2O$）和 2g 碳酸钠（Na_2CO_3）溶于 1000mL 新煮沸并已放冷的水中，储存于棕色瓶内，放置一周后，再标定其准确浓度。

硫代硫酸钠溶液的标定：精确量取 25.00mL 0.1000mol/L 碘酸钾标准溶液，于 250mL 碘量瓶中，加入 40mL 新煮沸后冷却的水，加 10g/100mL 碘化钾溶液 10mL，再加 1+5 盐酸溶液 10mL，立即盖好瓶塞，摇匀，在暗处静置 5min 后，用硫代硫酸钠溶液滴定至淡黄色，加入 1mL 1%淀粉溶液呈蓝色。再继续滴定至蓝色刚刚褪去，即为终点，记录所用硫代硫酸钠溶液体积 V（mL），其准确浓度（mol/L）用下式计算：

$$\text{硫代硫酸钠标准溶液浓度}(c)=\frac{0.1\times 25.0}{V} \tag{3-3}$$

平行滴定两次，所用硫代硫酸钠溶液相差不能超过 0.05mL，否则应重新做平行测定。

⑩ 甲醛标准储备溶液：取 10mL 含量为 36%～38%甲醛溶液，放入 500mL 容量瓶中，加水稀释至刻度。

甲醛标准储备溶液的标定：吸取 5.0mL 甲醛标准储备液，置于 250mL 碘量瓶中。加入 0.1mol/L 碘溶液 30.0mL，立即逐滴加入 30g/100mL 氢氧化钠溶液至颜色褪到淡黄色为止（大约 0.7mL），静置 10min，加（1+5）盐酸溶液 5mL 酸化（空白滴定时需多加 2mL），在暗处静置 10min，加入 100mL 新煮沸后冷却的水。用标定后的硫代硫酸钠标准溶液滴定至淡黄色，加入 1mL 新配制的 1%淀粉溶液，继续滴定至蓝色刚刚褪去为止。记录所用硫代硫酸钠溶液体积 V_2（mL）。同时用水作试剂空白滴定，操作步骤完全同上，记录空白滴定所用硫代硫酸钠溶液的体积 V_1（mL）。甲醛溶液的浓度用下式计算：

$$\text{甲醛溶液浓度}(mg/mL)=\frac{(V_1-V_2)\times c\times 15}{5.0} \tag{3-4}$$

式中 V_1——空白实验消耗硫代硫酸钠溶液的体积，mL；

V_2——标定甲醛消耗硫代硫酸钠溶液的体积，mL；

c——硫代硫酸钠溶液浓度，mol/L；

15——甲醛（1/2HCHO）摩尔质量；

5.0——甲醛标准储备液取样体积，mL。

两次平行滴定，误差应小于 0.05mL，否则重新标定。

甲醛标准使用溶液：用水将甲醛标准储备液稀释成 5.00μg/mL 甲醛标准使用液，2～5℃储存，可稳定一周。

2. 实验仪器

① 空气采样器：流量范围 0.2～1.0L/min，流量稳定可调，具有定时装置。

② 分光光度计：附 1cm 比色皿。

③ 多孔玻板吸收管：50mL 或 125mL、采样流量 0.5L/min 时，阻力为（6.7±0.7)kPa，单管吸收效率大于 99%。

④ 具塞比色管：25mL。

⑤ 采样引气管：聚四氟乙烯管，内径 6～7mm，引气管前端带有玻璃纤维滤料。

⑥ pH 酸度计。

⑦ 水浴锅。

四、实验步骤

(1) 样品的采集：采样系统由采样引气管、采样吸收管和空气采样器串联组成。吸收管体积为 50mL 或 125mL，吸收液装液量分别为 20mL 或 50mL，以 0.5～1.0L/min 的流量，采气 5～20min。

(2) 采样的保存：采集好的样品于 2～5℃储存，2 天内分析完毕，以防止甲醛被氧化。

(3) 标准曲线的绘制：取 7 支 25mL 具塞比色管按表 3-1 配制甲醛标准溶液系列。

表 3-1　甲醛标准溶液系列

序号	0	1	2	3	4	5	6
甲醛标准使用液/mL	0	0.2	0.8	2.0	4.0	6.0	7.0
甲醛含量/(μg/mL)	0	1.0	4.0	10.0	20.0	30.0	35.0

于上述标准系列中，用水稀释定容至 10.0mL，加 0.25%乙酰丙酮溶液 2.0mL，混匀，于沸水浴加热 3min，取出冷却至室温，用 1cm 比色皿，以水为参比，于波长 413nm 处测定吸光度。将上述系列标准溶液测得的吸光度 A 扣除试剂空白（零浓度）的吸光度 A_0，便得到校准吸光度 y，以校准吸光度 y 为纵坐标，以甲醛含量 x（μg）为横坐标，绘制标准曲线，得到回归方程式：

$$y=bx+a$$

式中　a——校准曲线截距；

b——校准曲线斜率。

由斜率倒数求得校准因子：B=1/b。

(4) 样品的测定：将吸收后的样品溶液移入 50mL 或 100mL 容量瓶中，用水稀释定容，取少于 10mL 试样（吸取量视试样浓度而定），于 25mL 比色管中，用水定容至 10.0mL。加 0.25%乙酰丙酮溶液 2.0mL，混匀，于沸水浴加热 3min，取出冷却至室温，用 1cm 比色皿，以水为参比，于波长 413nm 处测定吸光度。用现场未采样空白吸收管的吸收液进行空白实验。

五、结果计算

(1) 将采样体积按下式换算成标准状况下的采样体积。

$$V_0 = V \times 2.694 \times \frac{101.325 + p}{t + 273}$$

式中 V_0——标准状态下的采样体积，L；

V——采样体积，由采气流量乘以采样时间而得，L；

p——采样时的大气压力，kPa；

t——采样时的空气温度，℃。

(2) 试样中甲醛的吸光度用下式计算：

$$y = A_s - A_b$$

式中 A_s——样品吸光度；

A_b——空白实验吸光度。

(3) 试样中甲醛含量 x（μg）用下式计算：

$$x = \frac{y-a}{b} \times \frac{V_1}{V_2} \text{或} x = (y-a)B \times \frac{V_1}{V_2} \quad (3\text{-}5)$$

式中 V_1——定容体积，mL；

V_2——测定取样体积，mL。

(4) 空气中甲醛浓度 c（mg/m^3）用下式计算：

$$c = \frac{x}{V_0} \quad (3\text{-}6)$$

式中 c——甲醛的浓度，mg/m^3；

V_0——标准状态下的采样体积，L。

六、注意事项

(1) 绘制标准曲线时与样品测定时温差不超过 2℃。

(2) 当有二氧化硫共存时，会使结果偏低，可以在采样时，使气体先通过装有硫酸锰滤纸的过滤器，排除干扰。

(3) 日光照射能使甲醛氧化，因此在采样时选用棕色吸收管，在样品运输和存放过程中，都应采取避光措施。

七、讨论

(1) 乙酰丙酮分光光度法测定室内空气中甲醛的关键步骤是什么？

(2) 绘制标准曲线时与样品测定时有温差会有什么影响？

(3) 室内空气中甲醛的主要来源是什么？对人体有哪些危害？

实验三

空气中 SO_2 浓度的测定
（甲醛吸收-盐酸副玫瑰苯胺分光光度法）

一、实验目的

1. 通过对空气中 SO_2 浓度的测定，初步掌握甲醛吸收-盐酸副玫瑰苯胺分光光度法测定空气中的 SO_2 浓度的原理和方法；

2. 了解监测区域的环境空气质量；

3. 熟悉大气环境质量控制和保证的概念。

二、实验原理

大气环境中 SO_2 是最常见的污染物，是形成酸雨的主因之一，目前已发展成为全球范围的环境问题，与全球变暖和臭氧层破坏一样，受到人们的普遍关注。空气中的 SO_2 多来自煤炭和矿物燃料的燃烧等，它对人体健康、植被生态和大气能见度都有非常重要的直接和间接影响。因此，空气中 SO_2 含量的测定，对于大气环境质量的监测和评价、改善大气质量、保护人群健康都有着重要的意义。

测定 SO_2 最常用的化学方法是盐酸副玫瑰苯胺分光光度法，SO_2 被甲醛缓冲溶液吸收后，生成稳定的羟基甲基磺酸，加碱后，与盐酸副玫瑰苯胺作用，生成紫红色化合物，用分光光度计在 570nm 处进行测定。

三、试剂与仪器

1. 试剂

本法中所用水均为重蒸馏水或去离子交换水；所用的试剂纯度为分析纯。

① 吸收储备液（甲醛-邻苯二甲酸氢钾缓冲液）：称取 2.04g 邻苯二甲酸氢钾和 0.364g 乙二胺四乙酸二钠（EDTA-2Na）溶于水中，加入 5.5mL 3.7g/L 甲醛溶液，用水稀释至 1000mL，混匀。贮于冰箱，可保存 1 年。

② 吸收使用液：吸取吸收储备液 25mL 于 250mL 容量瓶中，用水稀释至刻度。

③ 2mol/L 氢氧化钠溶液：称取 4.0g NaOH 溶于 50mL 水中。

④ 0.3%氨基磺酸溶液：称取 0.3g 氨基磺酸，加入 3.0mL 2mol/L NaOH 溶液，用水稀释至 100mL。

⑤ 1mol/L 盐酸溶液：量取浓盐酸（优级纯）86mL，用水稀释至 1000mL。

⑥ 4.5mol/L 磷酸溶液：量取浓磷酸（优级纯）307mL，用水稀释至 1000mL。

⑦ 0.25%盐酸副玫瑰苯胺储备液：称取 0.125g 提纯后的盐酸副玫瑰苯胺（简称 PRA，$C_{19}H_{18}N_3Cl \cdot 3HCl$），用 1mol/L 盐酸溶液稀释至 50mL。

⑧ 0.025%盐酸副玫瑰苯胺溶液：吸取 0.25%的储备液 25mL，移入 250mL 容量瓶中，用 4.5mol/L 磷酸溶液稀释至刻度，放置 24h 后使用。此溶液避光密封保存，可使用 9 个月。

⑨ 二氧化硫标准储备液：称取 0.2g 亚硫酸钠及 0.01g 乙二胺四乙酸二钠盐（EDTA-2Na）溶于 100mL 新煮沸并冷却的水中，此溶液每毫升含有相当于 320～400mg 二氧化硫。溶液需放置 2～3h 后标定其准确浓度。

⑩ 二氧化硫标准使用液：用吸收液将二氧化硫标准储备液稀释成每毫升含 5mg 二氧化硫的标准使用液，储于冰箱可保存 1 个月，25℃以下室温条件可保存 3 天。

2. 仪器

① 吸收管：普通型多孔玻板吸收管，可装 10mL 吸收液，用于 30～60min 采样；大型多孔玻板吸收管可装 50mL 吸收液，用于 24h 采样。

② 空气采样器：流量范围 0.1～1L/min，流量稳定。

③ 具塞比色管：10mL。

④ 分光光度计：用 10mm 比色皿，在波长 570nm 处测定吸光度。

⑤ 恒温水浴（0～40℃）：要求可控温度误差±1℃。

四、实验步骤

1. 采样

用一个内装 8mL 采样吸收液的多孔玻板吸收管，以 0.2～0.3L/min 的流量，采样 40min。同时，测定采样点的气温、气压。

采样时吸收液温度应保持在 30℃以下；采样、运输、储存过程中避免阳光直接照射样品。当气温高于 30℃时，样品若不能当天分析，应贮于冰箱。

2. 二氧化硫标准曲线的绘制

分别吸取二氧化硫标准使用液 0mL、0.20mL、0.50mL、1.00mL、2.00mL、4.00mL 于 10mL 比色管中，用吸收使用液定容至 10mL 刻度处，分别加入 1.0mL 0.3%氨基磺酸溶液、0.5mL 2.0mol/L NaOH 溶液，充分混匀后，再快速加入 2.5mL 0.025%盐酸副玫瑰苯胺溶液，立即混匀。等待显色（可放入恒温水浴中显色）。参照表 3-2 选择显色条件。

表 3-2 显色温度与显色时间对应表

显色温度/℃	10	15	20	25	30
显色时间/min	40	20	15	10	5
稳定时间/min	50	40	30	20	10

依据显色条件，用 10mm 比色皿，以吸收液作参比，在波长 570nm 处，测定各管

吸光度。以 SO_2 含量（mg）为横坐标，吸光度为纵坐标，绘制标准曲线，并计算标准曲线的斜率。

3. 样品测定

采样后，样品溶液转入 10mL 比色管中，用少量（2mL）吸收液洗涤吸收管两次，合并到比色管中，并用吸收液定容至 10mL 刻度处。按上述绘制标准曲线的操作步骤，测定吸光度。将测得的吸光度值标在标准曲线上，通过查取或计算，得到样品中 SO_2 的含量。

五、结果计算

① 将采样体积按式(3-7）换算成标准状况下的采样体积。

$$V_0=V\frac{p}{p_0}\times\frac{T_0}{t+273} \tag{3-7}$$

式中，V_0 表示标准状况下的采样体积，L；V 表示采样体积，由采气流量乘以采样时间而得，L；T_0 表示标准状况的热力学温度，273K；P_0 表示标准状况的大气压力，101.3kPa；p 表示采样时的大气压力，kPa；t 表示采样时的空气温度，℃。

② 空气中 SO_2 浓度用式(3-8）计算：

$$c=\frac{(A-A_0)B}{V_0} \tag{3-8}$$

式中，c 表示二氧化硫的浓度，mg/m^3；A 表示样品的吸光度；A_0 表示试剂空白吸光度；B 为标准曲线斜率的倒数，mg/吸光度。

六、注意事项

① 加入氨基磺酸溶液可消除氮氧化物的干扰，采样后放置一段时间可使臭氧自行分解，加入磷酸和乙二胺四乙酸二钠，可以消除或减小某些重金属的干扰。

② 本方法克服了四氯汞盐吸收-盐酸副玫瑰苯胺分光光度法对显色温度的严格要求，适宜的显色温度范围较宽（15～25℃），可根据室温加以选择。但样品应与标准曲线在同一温度、时间条件下显色测定。

七、讨论

① 采用甲醛吸收-盐酸副玫瑰苯胺分光光度法测定空气中二氧化硫的浓度时，有哪些干扰因素？操作过程中有哪些注意事项？

② 绘制标准曲线的作用是什么？对实验结果有什么影响？

实验四

空气中氮氧化物浓度的测定
（盐酸萘乙二胺分光光度法）

一、实验目的

1. 掌握用盐酸萘乙二胺分光光度法测定大气环境中 NO_x 浓度的方法；
2. 了解监测区域的环境空气质量；
3. 熟悉大气环境质量控制和保证的概念。

二、实验原理

氮的氧化物主要有：NO、NO_2、N_2O_3、N_2O_4、N_2O_5、N_2O 等，大气中的氮氧化物主要以 NO、NO_2 形式存在，简写 NO_x。NO 是无色、无臭气体，微溶于水，在大气中易被氧化成 NO_2；NO_2 是红棕色有特殊刺激性臭味的气体，易溶于水。

NO_x 主要来源于硝酸、化肥、燃料、炸药等工厂产生的废气、燃料的高温完全燃烧、交通运输等。NO_x 不仅对人体健康产生危害（呼吸道疾病），还是形成酸雨的主要物质之一。

盐酸萘乙二胺分光光度法测定大气环境中的 NO_x，空气中的 NO_2 被吸收液吸收后，生成 HNO_3 和 HNO_2，在冰乙酸的存在下，HNO_2 与对氨基苯磺酸发生重氮化反应，然后与盐酸萘乙二胺偶合，生成玫瑰红色偶氮染料，其颜色深浅与气样中 NO_2 的浓度成正比，因此可进行分光光度测定，在 540nm 测定吸光度。

该方法适于测定空气中的氮氧化物，测定范围为 0.01～20mg/m^2。

方法特点：该方法采样和显色同时进行，操作简便、灵敏度高。NO、NO_2 可分别测定，也可以测 NO_x 总量。测 NO_2 时直接用吸收液吸收和显色。测 NO_x 时，则应将气体先通过 CrO_3-砂子氧化管，能够将空气中的 NO 氧化成 NO_2，然后通入吸收液吸收和显色。

三、试剂与仪器

1. 试剂

本方法所用水均为重蒸馏水或去离子交换水；所用的试剂纯度为分析纯。

① 1.00g/L 盐酸萘乙二胺贮备液：称取 0.50g 药品于 500mL 棕色容量瓶，用水稀释至刻度，放在冰箱中可稳定保存三个月。

② 冰醋酸：分析纯。

③ 吸收原液：称取 5.0g 对氨基苯磺酸于 200mL 烧杯中，加蒸馏水移至 1000mL 棕色容量瓶中，加入 50mL 冰醋酸，再加入 50mL 盐酸萘乙二胺储备液，用蒸馏水稀释至刻度，于冰箱中可稳定存放一个月。若溶液呈淡红色，则弃之重配。

④吸收液：将吸收原液和水按 4∶1 体积比例混合，即为吸收液，吸收液的吸光度应≤0.005。

⑤ 250μg/mL 亚硝酸盐储备液：称取 0.1875g 亚硝酸钠于烧杯中溶解，然后移至 500mL 棕色容量瓶，加入蒸馏水稀释至刻度。在暗处可稳定存放三个月。

⑥ 亚硝酸盐使用液：准确吸取亚硝酸盐储备液 1.00mL 于 100mL 容量瓶中，用水稀释至标线，现用现配。

⑦ 1+2 盐酸：将蒸馏水和浓 HCl 按 1∶2 体积比混合，泡砂使用。

⑧ CrO_3-砂子：将河沙洗净，晒干，筛去 20～40 目的部分；用 1+2 盐酸浸泡一夜，水洗至中性后烘干；将 CrO_3 与砂子按 1∶20 的质量比混合，加入少量水调匀；将 CrO_3-砂子放于烘箱于 105℃烘干，烘干过程应搅拌数次，最终 CrO_3-砂子是松散的。

⑨ CrO_3-砂子氧化管：将 CrO_3-砂子装入双球玻璃管中，两端用脱脂棉塞好，并用塑料制的小帽子将管两端盖紧，备用。

2. 仪器

① 空气采样器：流量范围 0～1L/min，2 个（做平行采集）。

② 多孔玻板吸收管：10mL，3 个（两个用于平行采集，一个用作空白采样）。

③ 双球玻璃管：2 个。

④ 具塞比色管：6 个。

⑤ 分光光度计：用 10mm 比色皿，在波长 540nm 处测定吸光度。

四、实验步骤

1. 采样

(1) 现场空白样品的采集

采集二氧化氮样品时，应准备一个现场空白吸收管，和其他采样吸收管同时带到现场。该管不采样，采样结束后和其他采样吸收管一起带回实验室，进行测定。

(2) 二氧化氮现场平行样品的采集

用两台相同型号的采样器，以同样的采样条件（包括时间、地点、吸收液、流量、朝向等）采集两个气体平行样。

采样时，移取 10.0mL 吸收液置于吸收管中，用尽量短的硅胶将其与采样器相连。以 0.4L/min 流量采气 4～24L。

移取 10.0mL 吸收液置于吸收管中，用尽量短的硅胶管将其与采样器相连。以 0.2～0.4L/min 流量，避光采样至吸收液呈微红色为止。记录采样时间，密封好采样管，带回实验室测定。

在采样的同时记录现场温度和大气压力。

2. 标准曲线的绘制

取 6 支 10mL 具塞比色管，按照表 3-3 配制 NO_2 标准系列溶液（亚硝酸盐标准使用液浓度为 2.5μg/mL）。各管摇匀后，避开直射阳光，放置 20min，在波长 540nm 处，用 10mm 比色皿，以蒸馏水为参比，测定吸光度 A。

表 3-3 二氧化氮标准系列的配制

比色管编号	1	2	3	4	5	6
亚硝酸钠标准使用液/mL	0	0.40	0.80	1.20	1.60	2.00
蒸馏水/mL	2.00	1.60	1.20	0.80	0.40	0
显色液/mL	8.00	8.00	8.00	8.00	8.00	8.00
NO_2^- 含量/(μg/mL)	0	0.10	0.20	0.30	0.40	0.50

3. 样品测定

采样后于暗处放置 20min（室温 20℃以下放置 40min 以上）后，用水将吸收管中的体积补充至刻线，混匀，按照绘制标准曲线的方法和条件测量试剂空白溶液和样品溶液及现场空白样的吸光度。

当现场空白值高于或低于试剂空白值时，应以现场空白值为准，对该采样点的实测数据进行校正。

五、结果计算

① 将采样体积按式(3-9) 换算成标准状况下的采样体积。

$$V_0 = V\frac{p}{p_0}\times\frac{T_0}{t+273} \tag{3-9}$$

式中，V_0 表示标准状况下的采样体积，L；V 表示采样体积，由采气流量乘以采样时间而得，L；T_0 表示标准状况的热力学温度，273K；p_0 表示标准状况的大气压力，101.3kPa；p 表示采样时的大气压力，kPa；t 表示采样时的空气温度，℃。

② 空气中 NO_2 浓度用式(3-10) 计算：

$$c = \frac{(A-A_0-a)V_sD}{bfV_0} \tag{3-10}$$

式中，c 表示二氧化氮的浓度，mg/m^3；A 表示样品的吸光度；A_0 表示试剂空白吸光度；b 为标准曲线的斜率，吸光度·mL/μg；a 为标准曲线的截距；V_s 为采样用吸收液体积，mL；V_0 表示标准状况下的采样体积，L；D 为样品的稀释倍数，短时采样为 1；f 为实验系数，0.88。

六、注意事项

① 吸收液应避光。防止光照使吸收液显色而使空白值增高。

② 如果测定总氮氧化物，则在测定过程中，应注意观察氧化管是否板结，或者变成绿色。若板结会使采样系统阻力增大，影响流量；若变绿，表示氧化管已经失效。

③ 吸收后的溶液若显黄棕色，表明吸收液已受到三氧化铬的污染，该样品应报废，重新配制吸收液后重做。

④ 采样过程中放置太阳光照射。在阳光照射下采集的样品颜色偏黄，非玫瑰红色。

七、讨论

① 氧化管中石英砂的作用是什么?

② 为什么氧化管变成绿色就失效了?

③ 氧化管为何做成双球形?

实验五

空气中微生物的测定
（自然沉降法）

一、实验目的

1. 了解空气中微生物的分布状况；
2. 掌握空气中微生物的检测方法。

二、实验原理

空气是人类赖以生存的必须环境，也是微生物借以扩散的媒介。空气中存在着细菌、真菌、病毒、放线菌等多种微生物粒子，这些微生物粒子是空气污染物的重要组成部分。它们会附着在空气气溶胶颗粒表面，可在空气中停留较长时间。某些微生物还可以随着空气中细小颗粒进入人体呼吸系统，留在肺的深部，给身体健康带来严重危害。也可以随着空气中细小颗粒物被输送到较远地区，造成很多传染性疾病的传播。因此，空气中微生物含量的多少可以反映所在区域的空气质量，是表征空气环境污染的一个重要参数。

空气中微生物的采集方法很多，本实验采用自然沉降法进行采样。当空气中个体微小的微生物落到适合它们生长繁殖的固体培养基表面时，在室温下培养一段时间后，每一个分散的菌体或孢子就会形成一个个肉眼可见的细胞群体，即菌落。观察大小、形态各异的菌落，就可大致鉴别空气中存在的微生物的种类和数量。

三、试剂与仪器

1. 试剂

① 蛋白胨：质量 10g。
② 牛肉膏：质量 3g。
③ 氯化钠：5g。
④ 琼脂：15～20g。
⑤ 蒸馏水：1000mL。

2. 仪器

① 无菌平皿：数量若干。
② 酒精灯：1 个。

③ 培养箱：2 台。
④ 高压蒸汽灭菌器。
⑤ 干热灭菌器。
⑥ 冰箱。
⑦ 平皿：直径 9cm。
⑧ 量筒。
⑨ 三角瓶。
⑩ pH 计。

四、实验步骤

① 琼脂培养基制作方法：将蛋白胨、牛肉膏、氯化钠、琼脂和蒸馏水混合，加热溶解，校正 pH 至 7.4，过滤分装，121℃下 20min 高压灭菌。用自然沉降法测定时，倾注约 15mL 于无菌平皿中，制成营养琼脂平板。

② 倒平板：按常见方法配置上述培养基，分装于三角瓶中，高压灭菌备用。临用前将培养基熔化，冷却至 50℃左右，倒平板若干个备用。

③ 检测：打开上述冷却了的无菌平板的皿盖，让其在实验室暴露 5min 后，盖上皿盖。要求在每个空间设 3 个重复样。

④ 培养：将琼脂培养基平板置于 37℃培养箱中倒置培养，1～2d 后开始连续观察，注意不同类别的菌落出现的顺序及菌落的大小、形状、颜色、干湿等的变化。

五、结果计算

① 将实验数据记录在表 3-4 中。

表 3-4 菌落培养结果小结

编号	采样点位置	采样时间	菌落数	菌落形态描述

② 根据实验数据计算空气中菌落总数。

采用平皿沉降法测定空气中菌落总数，计算公式为：

$$\text{细菌总数 CFU/(m}^3\cdot\text{min)}=\frac{50000N}{AT} \tag{3-11}$$

式中，A 为平板面积，cm^2；T 为平板暴露时间，min；N 为平板平均菌落数，CFU。

六、注意事项

① 设置采样点时，应根据现场大小，选择有代表性的位置作为空气细菌检测的采样点，通常设置 5 个采样点，即室内墙角对角线交点为 1 个采样点，该交点与四墙角连

线的中点为另外4个采样点。

② 采样高度通常为1.2～1.5m。

③ 采样点应远离墙壁1m以上，并避开空调、门窗等空气流通处。

七、讨论

① 空气中微生物检测的意义是什么？

② 影响空气中微生物检测结果的因素有哪些？

③ 如何利用空气中微生物检测结果来评价环境空气质量？

第四章 固体废物分析及回收利用

实验一

一般固体废物含水率、挥发分和灰分的测定

一、实验目的

1. 了解固体废物的类型以及相关物理性质；
2. 掌握含水率与灰分的概念；
3. 掌握一般固体废物中含水率的重量测定方法与灰分测定方法。

二、实验原理

固体废物（简称固废）按照其危害性分为一般固体废物和危险废物。一般固废含水率指固废中水的重量与固废干重量之比的百分数，固废含水率可总体或分别按照物理组分来记录。固废灰分是指固废在高温灼烧过程中发生一系列的物理化学变化，有机成分挥发逸散，无机成分残留下来，这些残留物称为灰分，挥发掉的称为挥发分。

固体废物含水率对其处理处置会产生影响：堆肥过程中，高含水率容易导致厌氧环境并产生恶臭，低含水率则影响微生物的正常生长，因此含水率过高或过低对堆肥均不利；焚烧过程中，高含水率不利于自持燃烧，降低焚烧效率；填埋过程中，高含水率会影响填埋操作并导致渗滤液的量增加，不利于填埋。

三、实验仪器与试剂

①千分之一天平；②烧杯；③干燥器；④烘箱；⑤瓷坩埚；⑥马弗炉；⑦剪刀。

四、实验步骤

1. 含水率测定

① 称取烧杯质量，再称取 20g 左右固废样品，记录样品初始质量；

② 将样品置于烘箱［(105±1)℃］中烘干 1h，取出后在干燥器中冷却，然后称重；

③ 重复②，烘干时间调为 15min，至恒重（两次称量值误差小于±1%）；

④ 计算样品烘干质量。

⑤ 做三个平行样，取平均值。

2. 灰分与挥发分测定

① 称取瓷坩埚质量，再称取 2g 左右固废样品，记录样品初始质量；

② 将样品置于马弗炉中，850℃下灼烧 30min，待炉温降低后取出样品并冷却至常温；

③ 称量计算样品灼烧后质量。

④ 做三个平行样，取平均值。

五、数据记录与处理

实验测得的各数据可参照表 4-1 和表 4-2 记录。

表 4-1　含水率测定实验数据记录

序号	烧杯质量/mg	烧杯与样品初始质量/mg	样品初始质量/mg	烘干恒重后烧杯与样品质量/mg	样品烘干恒重后质量/mg	含水率/%
1						
2						
3						
平均						

表 4-2　灰分与挥发分测定实验数据记录

序号	坩埚质量/mg	坩埚与样品初始质量/mg	样品初始质量/mg	灼烧后坩埚与样品质量/mg	样品灼烧后质量/mg	灰分/%	挥发分/%
1							
2							
3							
平均							

1. 含水率

$$含水率=\frac{样品初始质量-样品烘干恒重后质量}{样品初始质量}\times 100\%$$

2. 灰分与挥发分

$$灰分=\frac{样品灼烧后质量}{样品初始质量}\times 100\%$$

$$挥发分=1-灰分$$

六、思考与讨论

① 实验过程中的误差有哪些？

② 固废有几种分类方法？一般固体废物分为几类？

③ 根据以上结果，如何换算成不含水时的灰分含量？

实验二

生活垃圾中有机质含量的测定

一、实验目的

1. 掌握垃圾中有机质含量的测定方法；

2. 了解垃圾中有机质含量与填埋年限的关系；

3. 掌握通过测定垃圾中有机质含量来判断垃圾稳定程度的方法，为填埋场的最终利用提供科学依据。

二、实验原理

生活垃圾中的有机质含量是表征其物理化学性质的重要参数。通过测定垃圾中有机质成分的变化，可以较准确地判断垃圾的填埋年限。

浓硫酸和重铬酸钾水溶液混合时产生稀释热，利用该稀释热促使有机质中的碳氧化为二氧化碳，重铬酸钾中的 $Cr_2O_7^{2-}$ 被还原成 Cr^{3+}，剩余的重铬酸钾再用硫酸亚铁标准溶液滴定。根据有机碳被氧化所消耗的 $Cr_2O_7^{2-}$ 数量，可算出有机质的含量。本方法应在 20℃以上的室温条件下进行，如室温较低，需采取适当的保温措施。

主要化学反应式如下：

$$2K_2Cr_2O_7+3C+8H_2SO_4 \longrightarrow 2K_2SO_4+2Cr_2(SO_4)_3+3CO_2+8H_2O$$

$$K_2Cr_2O_7+6FeSO_4+7H_2SO_4 \longrightarrow K_2SO_4+Cr_2(SO_4)_3+3Fe_2(SO_4)_3+7H_2O$$

三、实验仪器与试剂

1. 实验仪器

① 有机质消化装置（硬质试管 ϕ18mm×180mm，油浴锅，铁丝笼）。

② 温度计：0～360℃。

③ 注射器：5mL。

④ 滴定管：25mL。

2. 试剂

① 化学纯浓硫酸。

② 石蜡（固体）。

③ 0.8mol/L $K_2Cr_2O_7$ 标准溶液：称取 235.2g 化学纯重铬酸钾溶于水，用蒸馏水定容至 1L。

④ 邻菲啰啉指示剂：称取 1.49g 指示剂溶于含有 0.7g $FeSO_4 \cdot 7H_2O$ 的溶液中。由于易变质，保存在棕色瓶中。

⑤ 0.2mol/L 硫酸亚铁标准溶液：称取 55.6g $FeSO_4 \cdot 7H_2O$ 溶于水，加入 15mL 浓硫酸，冷却，用水定容至 1L。此溶液易被空气氧化导致浓度下降，需实验前标定确定其浓度。

四、实验步骤

1. 硫酸亚铁标准溶液的标定

① 取 50mL 重铬酸钾标准溶液置于 100mL 锥形瓶中，加 3～5mL 浓硫酸和 2～3 滴指示剂。

② 用硫酸亚铁标准溶液滴定，根据硫酸亚铁溶液的消耗量计算准确浓度。

2. 有机质含量的测定

① 称取细风干垃圾样（精确到 0.001g），放入硬质试管中，用移液管加入 5mL 重铬酸钾标准溶液，再用移液管加入 5mL 浓硫酸，缓缓摇匀。

② 将试管插入铁丝笼中，并将铁丝笼放入预先加热到 185～190℃石蜡油浴锅中加热，使溶液保持沸腾 5min，然后取出铁丝笼，待试管稍冷后擦净外部油液。

③ 将试管内溶液用蒸馏水洗到 250mL 锥形瓶中，使瓶内溶液总体积为 60～80mL，加 3～5 滴指示剂，之后用硫酸亚铁标准溶液滴定，当溶液由黄色经绿色突变到棕红色时即为终点。

④ 取不同填埋年份的垃圾，重复步骤①～③。

⑤ 用纯砂代替垃圾样做两个空白试验，取其平均值作为空白数值。

五、数据记录与处理

实验测得的各数据可参照表 4-3 记录。

表 4-3 有机质测定实验记录

序号	V/mL	V_0/mL	m/g	有机质 C/%	填埋年份
1					
2					
3					
4					
5					

注：1. V_0为滴定空白样所消耗的硫酸亚铁标准溶液体积，mL；V 为滴定待测液所消耗的硫酸亚铁标准溶液体积，mL；m 为垃圾干重，g。

2. 计算公式：

$$有机质\ C(\%)=\frac{0.8\times5\times(V_0-V)\times0.003\times1.724\times1.1\times100}{V_0\times m}\times100\%。$$

六、思考与讨论

① 如何减少实验过程中的误差？

② 填埋年份与有机质含量有什么样的关系？

实验三

危险废物重金属浸出毒性鉴别实验

一、实验目的

1. 理解危险废物和浸出毒性的基本概念；
2. 掌握危险废物浸出毒性鉴别的实验方法。

二、实验原理

危险废物中的铅、铬、锌、铜等重金属可通过浸沥作用从危险废物中迁移转化到水溶液中。本方法以硝酸/硫酸混合溶液为浸提剂，模拟危险废物在不规范贮存、处理、处置过程中有害组分在酸性降水的影响下，从废物中浸出进入环境的过程。采用翻转式振荡器等强化重金属的浸出，测定强化条件下浸出的重金属浓度，可以表征危险废物重金属的浸出毒性。

三、实验仪器与试剂

1. 实验仪器

① 振荡设备［转速为 (30±2)r/min 的翻转式振荡器］：1 台。
② 带盖子的广口聚乙烯瓶：2L，2 个。
③ 电子天平：精度为 0.01g，1 台。
④ 原子吸收分光光度计，1 台。
⑤ 量筒：1L，1个。
⑥ pH 计：精度为±0.05。
⑦ 滤膜：玻璃纤维滤膜或微孔滤膜，孔径 0.6～0.8μm，若干。
⑧ 定时钟表：1 只。
⑨ 真空过滤器或正压过滤器。

2. 试剂

①试剂水（符合待测物分析方法标准中的纯水）；②优级纯浓硫酸；③优级纯浓硝酸；④1%硝酸溶液；⑤浸提剂：将质量比为 2∶1 的浓硫酸和浓硝酸混合液加入到试剂水（1L 水约 2 滴混合液）中，使 pH 为 3.20±0.05。

四、实验步骤

① 取固废样品 150g（干基），放入 2L 具盖广口聚乙烯瓶中。

② 另取一个 2L 具盖广口聚乙烯瓶，作为空白对照样。

③ 按液固比 10∶1(L/kg)，向两个广口瓶中分别加入浸提剂 1.5L，盖紧瓶盖后固定在翻转式振荡器上，调节转速为 (30±2)r/min，与 (23±2)℃下振荡 (18±2)h。

④ 在正压过滤器上装好滤膜，用1%硝酸淋洗过滤器和滤膜，弃掉淋洗液，过滤并收集浸出液。

⑤ 用火焰原子吸收分光光度计分别测定两个瓶的浸出液中的重金属浓度。

⑥ 记录并分析实验结果。

五、数据记录与处理

实验测得的各数据可参照表 4-4 记录。

表 4-4 浸出毒性测定实验数据记录表

重金属	Cd	Cr	Cu	Zn	Pb	Ni
空白浓度/(mg/L)						
样本浓度/(mg/L)						

六、思考与讨论

① 分析自然界中危险废物中重金属浸出浓度的影响因素；

② 分析实验中的误差因素；

③ 以双因素实验设计法设计一个不同浸取时间下重金属浸出浓度的实验方案。

实验四

危险废物中重金属含量的测定

一、实验目的

1. 了解危险废物中重金属含量测定前的消解方法；
2. 掌握微波消解的方法；
3. 掌握重金属含量测定方法。

二、实验原理

本实验采用微波消解，将样品和消解用的酸定量地加入密封消解罐中，在设定的时间、温度和压力下进行微波加热。微波对极性物质具有“内加热作用”和“电磁效应”，可将样品迅速加热，能提高样品的消解速度和效果。与传统消解方法相比，微波消解更彻底且速度快，是省时省力且高效的消解方法。

本方法适用于两类样品基体，一类固体废物和废液，另一类是沉积物、污泥、土壤和油。消解后的消解液可用于分析 Cd、Cr、Pb、Ni、Cu、Zn、Ag 等重金属。

三、实验仪器与试剂

1. 实验仪器

①微波消解仪；②火焰原子吸收分光光度计，1 台；③分析天平：精度±0.01g；④定量滤纸；⑤玻璃漏斗；⑥量筒：50mL 或 100mL。

2. 试剂

①硝酸：优级纯；②满足 GB/T 6682 规定的一级水。

四、实验步骤

① 取固废干基 0.500g（精确到 0.001g），加入到消解罐中。

② 向样品中加入（10±0.1)mL 浓硝酸，盖紧消解罐。

③ 设定微波消解程序：微波辐射 10min，每个样品温度在 5min 内升到 175℃。

④ 启动微波消解仪。

⑤ 消解结束后冷却至少 5min 后取出消解罐。

⑥ 待消解罐冷却后，在通风橱内打开消解罐盖子，过滤。

⑦ 用火焰原子吸收分光光度计测定重金属浓度。

五、数据记录与处理

实验测得的各数据可参照表 4-5 记录。

表 4-5 重金属测定实验数据记录

重金属	Cd	Cr	Cu	Zn	Pb	Ni
样本浓度/(mg/L)						
固废中重金属含量/(mg/g)						

六、思考与讨论

① 实验过程中的误差有哪些?

② 微波消解是否能用于测 Hg?

③ Hg 的测定与实验中的重金属测定有什么不同?

④ 设计其他酸消解的实验方案。

实验五

危险废物水泥基固化实验

一、实验目的

1. 了解危险废物固化实验的概念；
2. 了解固化剂的作用；
3. 掌握危险废物重金属水泥固化实验方法；
4. 掌握危险废物重金属水泥固化效果的分析方法。

二、实验原理

本实验以生活垃圾焚烧飞灰为例，分析不同水泥掺加量的固化实验及效果分析。飞灰中含有 Pb、Cr、Cd 等有害重金属元素，这些重金属主要来自于居民生活垃圾。经过焚烧，垃圾中大约有 33%的 Pb、92%的 Cd 和 45%的 Sb 迁移到飞灰中。飞灰中重金属等有毒物质产生的机理为：垃圾焚烧过程中 Pb、Cr、Cd、Hg、Sb 等重金属元素在高温下以气体挥发物或以附着于细小烟尘颗粒的凝聚态形式进入飞灰，且许多是以单质、氯化物、氧化物等形式存在于飞灰中。

水泥固化是一种常用的危废固化方法。含有重金属的危险废物可以通过水泥基材料进行固化以减少重金属的浸出，进而减少由于浸出导致的环境污染。水泥基固化是通过水泥和水化合时产生水硬胶凝作用将废物包覆的方法。水泥固化体需要一定时间的养护使其硬化，强度也随之提高。普通硅酸盐水泥的主要成分是硅酸二钙、硅酸三钙、铝酸三钙和铁铝酸四钙，主要水化作用如下：

$$2CaO \cdot SiO_2 + xH_2O \longrightarrow 2CaO \cdot SiO_2 \cdot xH_2O$$

$$3CaO \cdot SiO_2 + nH_2O \longrightarrow xCaO \cdot SiO_2 \cdot yH_2O + (3-x)Ca(OH)_2$$

$$3CaO \cdot Al_2O_3 + xH_2O \longrightarrow 3CaO \cdot Al_2O_3 \cdot xH_2O$$

$$4CaO \cdot Al_2O_3 \cdot Fe_2O_3 + xH_2O \longrightarrow 3CaO \cdot Al_2O_3 \cdot mH_2O + CaO \cdot Fe_2O_3 \cdot nH_2O$$

水化后产生的胶体将飞灰包裹在固化体中，在养化硬化过程中飞灰中的重金属浸出毒性逐渐降低。根据标准 GB 16889—2008《生活垃圾填埋场污染控制标准》，飞灰固化体按照 HJ/T 300—2007 制备的浸出液中重金属质量浓度低于规定的限值，且固化体含水率低于 30%，可进入生活垃圾填埋场处置。因此对飞灰固化体的评价指标是重金属浸出毒性（醋酸缓冲液法）。浸出毒性是指固体废物遇水浸沥，浸出的有害物质迁移转化，污染环境的危害特性。

三、实验仪器与试剂

1. 实验仪器

① 振荡设备：转速为（30±2）r/min 的翻转式振荡装置；②具盖广口瓶：2L；③真空过滤器：容积≥1L；④滤膜：玻璃纤维滤膜或微孔滤膜，0.6～0.8μm；⑤pH 计；⑥天平：精度±0.01g；⑦烧杯：500mL；⑧表面皿；⑨磁力搅拌器；⑩筛：孔径 9.5mm；⑪烘箱。

2. 试剂

①冰醋酸：优级纯；②盐酸：1mol/L；③硝酸：1mol/L；④氢氧化钠：1mol/L；⑤水泥；⑥1# 浸提剂：加 5.7mL 冰醋酸至 500mL 试剂水中，加 64.3mL 1M 氢氧化钠，稀释至 1L。所配制的溶液 pH 值为 4.93±0.05；⑦2# 浸提剂：用试剂水稀释 17.25mL 的冰醋酸至 1L。所配制的溶液 pH 值为 2.64±0.05。

四、实验步骤

① 准备：用硬纸板制作 3×3 个模具（100mm×50mm×50mm）。

② 样品预处理：包括测含水率与破碎。

a. 含水率测定参照第四章实验一；

b. 样品破碎研磨，使颗粒可以通过 9.5mm 孔径的筛。

③ 制作固化体。

将飞灰、水泥和水按照三种配方（1#：42∶42∶22；2#：48∶36∶22；3#：54∶30∶22）的配比混合搅拌，之后转移到模具中固化，每个配方做三个。

④ 固化体浸出毒性测定。

a. 确定所使用的浸提剂：取 5.0g 样品至 500mL 烧杯中，加入 96.5mL 试剂水，盖上表面皿，用磁力搅拌器猛烈搅拌 5min，测定 pH，如果 pH<5.0，用 1# 浸提剂；如果 pH>5.0，加 3.5mL 1mol/L 盐酸，盖上表面皿，加热至 50℃，并在此温度下保持 10min。将溶液冷却至室温，测定 pH，如果 pH<5.0，用 1# 浸提剂；如果 pH>5.0，用 2# 浸提剂。

b. 称取 75g 样品，置于 2L 提取瓶中，根据样品含水率，按照液固比为 20∶1(L/kg) 计算出所需浸提剂的体积，加入浸提剂，盖紧瓶盖后固定在翻转式振荡装置上，调节转速为（30±2)r/min，与（23±2)℃下振荡（18±2)h。

c. 用真空过滤器过滤，收集浸出液测重金属浓度。

五、数据记录与处理

实验测得的数据可参照表 4-6 记录。

表 4-6 固化体中重金属浸出毒性实验数据记录

固化体	Cd	Cr	Cu	Zn	Pb	Ni
1# 配比 3d 浸出浓度/(mg/L)						
1# 配比 7d 浸出浓度/(mg/L)						

续表

固化体	Cd	Cr	Cu	Zn	Pb	Ni
1# 配比 28d 浸出浓度/(mg/L)						
2# 配比 3d 浸出浓度/(mg/L)						
2# 配比 7d 浸出浓度/(mg/L)						
2# 配比 28d 浸出浓度/(mg/L)						
3# 配比 3d 浸出浓度/(mg/L)						
3# 配比 7d 浸出浓度/(mg/L)						
3# 配比 28d 浸出浓度/(mg/L)						

六、思考与讨论

① 如何建立固化时间与浸出毒性的关系？

② 如何建立水泥掺加量与浸出毒性的关系？

③ 设计采用其他稳定剂或固化材料的实验方案。

④ 该实验所得飞灰固化体能进入生活垃圾填埋场填埋吗？

实验六

厨余垃圾好氧堆肥实验

一、实验目的

1. 了解好氧堆肥技术的典型过程及技术特征；
2. 掌握堆肥影响因素；
3. 掌握耗氧速率（堆肥腐熟度参数）的检测方法。

二、实验原理

堆肥化（composting）是在一定的水分、碳氮比和通风条件下，通过自然界广泛分布的细菌、放线菌、真菌等微生物，人为地将可生物降解的有机物向稳定的腐殖质生化转化的微生物学过程。堆肥化的产物称为堆肥。堆肥化可以将大量有机固体废物通过各种工艺转换成沼气、葡萄糖、微生物蛋白质等有用的物质和能源，同时可达到固废大幅度减重减容的目的。典型的有机固体废物是厨余垃圾，本实验取厨余垃圾进行堆肥，通过堆肥化技术进行稳定化、无害化处理，同时实现厨余垃圾的资源化、能源化。堆肥中，微生物的分解如图 4-1 所示。

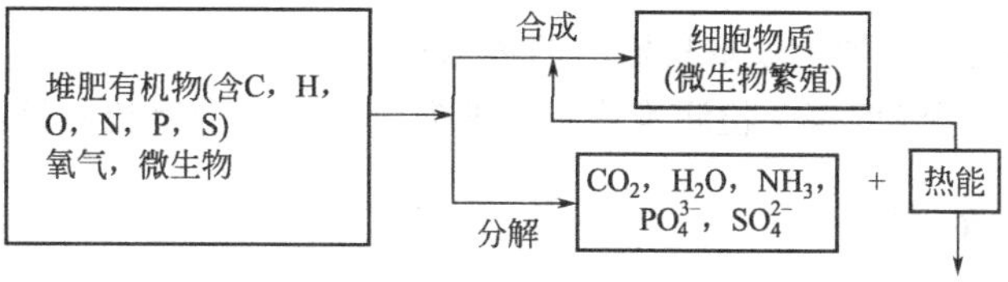

图 4-1 好氧堆肥原理

三、实验仪器与试剂

① 堆肥实验装置如图 4-2 所示。② pH 计；③温度计；④干燥箱；⑤电子天平；⑥培养皿；⑦试管；⑧玻璃三角瓶；⑨移液管；⑩测氧仪。

四、实验步骤

① 将约 30kg 厨余垃圾人工剪切破碎，并过筛，使垃圾粒度小于 10mm。

② 测垃圾含水率。

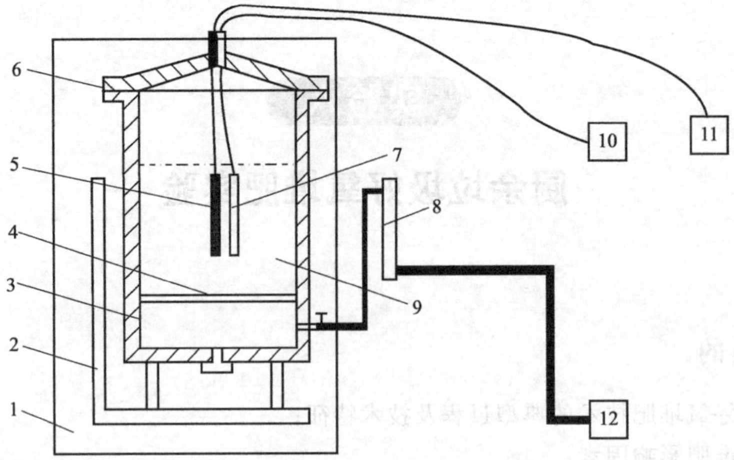

图 4-2 堆肥实验装置

1—恒温箱；2—磅秤；3—反应器；4—多孔板；5—温度探头；6—反应器盖；7—测氧枪；8—流量计；9—混合物；10—测 O_2/CO_2 仪；11—测温仪；12—空压机；13—多路时间控制器

③ 将垃圾投入到反应器中，控制供气流量为 $1m^3/(h \cdot t)$。

④ 从堆肥后每天分别记录堆体中央的温度，从气体取样口取样测定 CO_2 和 O_2 的浓度，计算耗氧速率，并取样测定堆体的含水率、pH，连续测定 15 天。

⑤ 再调节供气流量为 $5m^3/(h \cdot t)$，重复步骤④。

a. 堆料 pH 值测定：从堆体中取出 5g 样品，用蒸馏水配成浓度为 5% 的悬浮液，摇床振荡 10min 左右，测 pH 值；

b. 堆体出气口 CO_2 和 O_2 的浓度测定：将气体监测仪的探头放在反应器的出气口 15cm 处，从仪器的显示器上读取稳定后的数据；

c. 堆温检测：用温度探头检测堆体中部的温度，并从数字控制显示器上读取数据。

五、数据记录及处理

实验测得的各数据可参照表 4-7 和表 4-8 记录。

表 4-7 供气流量为 $1m^3/(h \cdot t)$ 时测定的数据

时间	含水率/%	温度/℃	CO_2 浓度/%	pH	O_2 浓度/%	耗氧速率/(mg/L)
原始垃圾						
第 1 天						
第 2 天						
第 3 天						
第 4 天						
第 5 天						
第 6 天						

续表

时间	含水率/%	温度/℃	CO_2 浓度/%	pH	O_2 浓度/%	耗氧速率/(mg/L)
第 7 天						
第 8 天						
第 9 天						
第 10 天						
第 11 天						
第 12 天						
第 13 天						
第 14 天						
第 15 天						

表 4-8 供气流量为 $5m^3/(h \cdot t)$ 时测定的数据

时间	含水率/%	温度/℃	CO_2 浓度/%	pH	O_2 浓度/%	耗氧速率/(mg/L)
原始垃圾						
第 1 天						
第 2 天						
第 3 天						
第 4 天						
第 5 天						
第 6 天						
第 7 天						
第 8 天						
第 9 天						
第 10 天						
第 11 天						
第 12 天						
第 13 天						
第 14 天						
第 15 天						

六、思考与讨论

① 分析堆肥过程中堆体含水率的主要影响因素。

② 分析通气量对堆肥效果的影响。

③ 绘制堆体参数随时间的变化曲线。

实验七

底泥中汞含量的测定

一、实验目的

1. 掌握冷原子吸收法测定汞的原理和方法；
2. 掌握底泥消解方法。

二、实验原理

汞是水体中典型的重金属污染物。其毒性的大小与汞的总量有关。在酸性介质及加热条件下，用高锰酸钾等氧化剂将样品中的各种汞化合物消解，将汞全部转化为二价无机汞。用盐酸羟胺将过量的氧化剂还原，在酸性条件下，再用氯化亚锡将二价汞还原成金属汞；在室温下通入空气或氮气，使金属汞汽化，用冷原子吸收测汞仪在 253.7nm 处测定吸光度。

三、实验仪器与试剂

1. 实验仪器

①冷原子吸收测汞仪；②容量瓶；③比色管；④锥形瓶；⑤移液管。

2. 试剂

①浓硫酸：分析纯；②高锰酸钾：分析纯；③高锰酸钾溶液：50g/L；④盐酸羟胺溶液：100g/L；⑤氯化亚锡溶液：100g/L；⑥硝酸：分析纯；⑦汞标准固定液(0.5g/L)：称取重铬酸钾 0.5g 溶于 950mL 水中，再加入 50mL 硝酸；⑧汞标准贮备液(100mg/L)：称取在硅胶干燥器中放置过夜的氯化汞 0.1g，用固定液溶解后转移至 1000mL 容量瓶中，再用固定液定容，摇匀；⑨汞标准使用溶液（0.1mg/L)：吸取汞标准贮备液 1mL，用固定液定容至 1000mL，摇匀；⑩稀释液：称取重铬酸钾 0.2g 溶于 900mL 水中，加入浓硫酸 28mL，冷却后定容至 1000mL。

四、实验步骤

① 系列标准溶液的配制：取 100mL 容量瓶 6 个，准确吸取汞标准使用溶液 0mL、0.50mL、1.00mL、1.50mL、2.00mL、2.50mL 注入容量瓶中，每个容量瓶加适量固定液补足至 4.0mL，加稀释液至标线，摇匀。

② 底泥含水率测定，方法参照第四章实验一。

③ 样品消解：准确称取底泥 1g 于 50mL 锥形瓶中，加入高锰酸钾溶液 10mL，小心加浓硫酸 6mL。小心加热至底泥完全消解，如消解过程中紫红色消失，应立即滴加高锰酸钾溶液。冷却后，滴加盐酸羟胺溶液至紫红色刚刚消失，所得溶液不应有黑色残留物。将消解后的样品稍静置（除氯气），转移到 25mL 容量瓶中，稀释至标线。

④ 测定系列标准溶液与消解样品吸光度。

⑤ 做标准曲线，从标准曲线上查出相应的汞浓度。

五、数据记录与处理

实验所测数据可按照表 4-9 记录。

表 4-9　系列标准溶液浓度与吸光度

管号	0	1	2	3	4	5
汞标准使用溶液吸取量/mL	0	0.50	1.00	1.50	2.00	2.50
系列汞溶液浓度 c/(mg/L)						
吸光度 A						

样品消解液吸光度 A＝绘制 Hg 浓度 c-吸光度($A-A_0$)标准曲线，并查出样品溶液浓度，计算样品中汞的质量。

$$\text{底泥中 Hg 含量(mg/g)}=\frac{\text{样品中汞的质量(mg)}}{\text{样品质量(g)}}$$

六、思考与讨论

① 固定液的作用有哪些？

② 为什么消解过程中要维持溶液呈紫红色？

实验八

底泥中水溶态与酸溶态汞的测定

一、实验目的

1. 了解底泥中汞的存在形态；
2. 掌握底泥中水溶态汞的测定方法；
3. 掌握底泥中酸溶态汞的测定方法。

二、实验原理

汞是水体中典型的重金属污染物，其毒性的大小不仅与汞的总量有关，更与它们的存在形态有关。汞的存在形态包括水溶态（氯化物、硝酸盐和硫酸盐）、酸溶态（包括无机汞和甲基汞等有机汞）、碱溶态、过氧化氢溶态及王水残渣态，其中水溶态与酸溶态容易浸入到环境中产生影响，而酸溶态中有机态比无机态毒性大很多，例如甲基汞的毒性比无机汞大100倍。因此，研究和测定底泥中汞的存在形态，对于研究汞在河流及底泥中的迁移转化和最后归宿、评价河流对汞的自净能力及最终治理水体汞污染具有重要的现实意义。

汞化合物能被亚锡离子还原为金属汞，汞沸点低、易挥发。因此，可以使用测汞仪，利用汞蒸气对253.7nm汞共振线的强烈吸收来测定溶液中的汞含量，吸光度的大小与汞蒸气浓度的关系符合比尔定律。

三、实验仪器与试剂

1. 实验仪器

①测汞仪；②恒温振荡器；③离心机；④注射器：20mL；⑤细口反应瓶：100mL。

2. 试剂

①汞标准使用溶液（参照第四章实验七）；②溴化剂：溴酸钾（0.1mol/L）-溴化钾（1%）溶液；③盐酸羟胺（12%）-氯化钠（12%）溶液；④氯化锡溶液：10%；⑤盐酸：1∶1；⑥硫酸铜溶液：1%；⑦盐酸：0.2mol/L；⑧硝酸：5%；⑨浓盐酸：分析纯。

四、实验步骤

① 系列汞标准溶液的配制（参照第四章实验七）。

② 水溶态分析：准确称取 1g 干底泥样品于 50mL 离心管中，加入 10mL 去离子水，在恒温振荡器上振荡 30min，离心分离，吸取上清液于 25mL 容量瓶中。再取 10mL 去离子水重复如上操作，上清液合并后稀释至刻度。取定容后的溶液 10mL，按照注 1（无机汞的测定方法）测水溶态汞的总量。残渣留用。

③ 酸溶态分析：上述残渣用 10mL 0.2mol/L 的盐酸浸提，剧烈摇动 1min，放置 5min，待泡沫消失后加入 0.5mL 1%的硫酸铜溶液，振荡 30min，离心分离，取上清液于 50mL 容量瓶中。再取 10mL 盐酸，重复如上操作，合并两次上清液。用 5mL 去离子水洗涤两次，将洗涤液和上清液合并后定容至 50mL。取定容后的溶液 10mL，按照注 2（含有机汞时汞的测定方法）测定酸溶态汞总量。另取 10mL，按照注 1（无机汞的测定方法）测定酸溶态无机汞的含量。酸溶态汞总量减去酸溶态无机汞含量就是酸溶态有机汞的含量。

注 1：无机汞的测定：在反应瓶中加入 10mL 0.2mol/L 盐酸，用 5%的硝酸稀释至 19mL，加入 1mL 10%的氯化锡溶液，使溶液体积达 20mL，密闭，手摇 1min 后，放置 10min，用注射器抽取 10mL 气体注入测汞仪吸收池内测定透光率；

注 2：含有机汞时汞的测定：取 10mL 0.2mol/L 盐酸于反应瓶中，加入溴化剂 1mL、盐酸（1∶1）3mL，摇匀，放置 5min，滴加盐酸羟胺-氯化钠溶液至黄色消失，再多加 1～2 滴，然后按无机汞的测定方法进行测定。

五、数据记录与处理

实验所测数据可按照表 4-10 记录。

表 4-10　系列标准溶液浓度与吸光度

管号	0	1	2	3	4	5
汞标准使用溶液吸取量/mL	0	0.50	1.00	1.50	2.00	2.50
系列汞溶液浓度 c/(mg/L)						
吸光度 A						

水溶态吸光度 $A_{水溶}=$

酸溶态吸光度 $A_{酸溶}=$

酸溶无机态吸光度 $A_{酸溶无机}=$

六、思考与讨论

① 实验步骤③中产生的泡沫是什么？

② 水溶态浸提法的机理是什么？

③ 酸溶态浸提法的机理是什么？

实验九

蚀刻废液中铜的回收与利用

一、实验目的

1. 了解铜板蚀刻废液的性质；
2. 掌握铜板蚀刻液中铜的回收方法；
3. 掌握回收铜的利用途径。

二、实验原理

电子元件及电子专用材料铜板蚀刻过程中产生的蚀刻废液属危险废物（废物类别HW22，废物代码 398-051-22），危险特性为毒性（T）。常用蚀刻液有三氯化铁（$FeCl_3$）蚀刻液和 $CuCl_2$-HCl 蚀刻液，它们蚀刻铜的反应如下：

（1）$FeCl_3$ 蚀刻液

$$2Fe^{3+}+Cu \longrightarrow 2Fe^{2+}+Cu^{2+}$$

（2）$CuCl_2$-HCl 蚀刻液

$$Cu^{2+}+Cu+4Cl^- \longrightarrow 2[CuCl_2]^-$$

$$2[CuCl_2]^-+H_2O_2+2H^+ \longrightarrow 2Cu^{2+}+4Cl^-+2H_2O$$

三氯化铁是常用的蚀刻液，具有成本低廉、方便控制等特点，但产生的废液不可循环使用。$CuCl_2$-HCl 蚀刻液具有速度快、溶铜率高、侧蚀小、较为环保等特点，产生的废液可循环使用。

此次实验取 $FeCl_3$ 蚀刻废液，回收其中的铜并加以利用，相应化学方程式如下：

$$Cu^{2+}+Fe \longrightarrow Fe^{2+}+Cu$$

$$2Fe^{3+}+Fe \longrightarrow 3Fe^{2+}$$

$$2Cu+O_2 \longrightarrow 2CuO$$

$$CuO+H_2SO_4(稀) \longrightarrow CuSO_4+H_2O$$

三、实验仪器与试剂

1. 实验仪器

①烧杯：250mL，100mL；②温度计；③搅拌棒；④量筒；⑤滴管；⑥小试管：1mL；⑦煤气灯与火柴；⑧抽滤设备；⑨滤纸；⑩瓷坩埚；⑪蒸发皿；⑫电子天平。

2. 试剂

①硫酸溶液：3%，3mol/L；②$FeCl_3$ 蚀刻废液；③铁粉。

四、实验步骤

1. $FeCl_3$ 蚀刻废液中回收铜粉

用量筒量取 60mL $FeCl_3$ 蚀刻废液（$FeCl_3$、$FeCl_2$、$CuCl_2$ 混合液），放入 250mL 的烧杯中，加入 60mL 水，加热到约 80℃，在边加热边搅拌下，分批慢慢加入 9g 左右的 Fe 粉（注意：防止溶液溢出烧杯！），直到溶液颜色变浅（青绿色），并取 1～2 滴清液滴入放有 1mL 水的小试管中，无白色沉淀方可停止加入 Fe 粉，抽滤，将滤渣移到原烧杯中，加 10mL 水和 3% H_2SO_4 25mL，加热直到无细小气泡产生为止，抽滤，洗涤滤渣数次，称量滤渣铜粉，均分为二，一份放在干净的 100mL 烧杯中，一份放到干净的瓷坩埚中备用。

2. $CuSO_4 \cdot 5H_2O$ 晶体的制备

瓷坩埚连同铜粉，先在小火上加热至无气雾产生，再改用氧化焰灼烧 2h，其间不时搅拌，紫红色铜粉变成黑色 CuO 粉末，冷却后称量。将黑色粉末放入 100mL 的烧杯中，加入 3mol/L H_2SO_4 约 20mL，加热至黑色粉末基本溶解，若有 $CuSO_4$ 晶体析出，则加少量水溶解，抽滤。将滤液放入干净的蒸发皿中，加热蒸发到表面有少量结晶膜出现，关掉煤气灯，冷却到室温，抽滤，称量 $CuSO_4 \cdot 5H_20$ 晶体。

五、数据记录与处理

称取铁粉质量：______________；剩余铁粉质量：______________；

制得的铜粉质量：______________。

计算单位立方米废液回收的铜粉质量：______________。

六、思考与讨论

① 还原制 Cu 时，为什么铁粉量尽可能少？如何判断 Cu^{2+} 被全部还原？在得到的 Cu、Fe 混合物中加酸除铁，如何判断 Fe 已被全部除尽？

② 铜粉制 CuO，为什么焙烧温度不能太高，也不能太低？

③ 如何减少实验中的误差；

④ 粗制硫酸铜中含有哪些杂质？

实验十

粗制硫酸铜的提纯与杂质分析

一、实验目的

1. 熟悉常压过滤、减压过滤、蒸发浓缩、结晶和干燥等基本操作；
2. 学习调节 pH 值的方法；
3. 熟悉可见分光光度计的使用方法；
4. 学会用化学方法提纯粗硫酸铜。

二、实验原理

1. 粗硫酸铜提纯原理

粗硫酸铜中含有不溶性杂质和可溶性杂质离子 Fe^{2+}、Fe^{3+} 等，不溶性杂质可用过滤法除去。杂质离子 Fe^{2+} 常用氧化剂 H_2O_2 或 Br_2 氧化成 Fe^{3+}，然后调节溶液的 pH 值（一般控制在 pH＝3.0～3.5），使 Fe^{3+} 水解成 $Fe(OH)_3$ 沉淀而除去，反应如下：

$$2Fe^{2+} + H_2O_2 + 2H^+ = 2Fe^{3+} + 2H_2O;$$

$$Fe^{3+} + 3H_2O = Fe(OH)_3 \downarrow + 3H^+$$

除去铁离子后的滤液经蒸发、浓缩，即可制得五水硫酸铜结晶。其他微量杂质在硫酸铜结晶时，留在母液中，过滤时可与硫酸铜分离。

2. 杂质铁的测定原理

根据朗伯-比尔定律 $A=\varepsilon bc$，当光程 b 一定时，有色物质的吸光度 A 与物质的浓度 c 成正比。只要绘出以吸光度 A 为纵坐标、浓度 c 为横坐标的标准曲线，测出试液的吸光度，就可以由标准曲线查得对应的浓度值，即未知样的含量。

铁离子 Fe^{3+} 在浓度极稀时颜色极淡，不宜直接用于测定，需要先显色，使之转变成吸光度较大的有色物质。本实验选用磺基水杨酸（Ssal）作显色剂，这是一种无色晶体，易溶于水，在不同的 pH 值溶液中与铁离子 Fe^{3+} 能形成组成和颜色都不相同的络合物。在 pH＝8～11 的碱性溶液中，形成 $[Fe(Ssal)_3]^{3-}$ 离子，呈黄色。

用氨水将杂质 Fe^{3+} 沉淀分离，再用盐酸溶解，之后测定波长 $\lambda=420nm$ 处的吸光度。

三、实验仪器与试剂

1. 实验仪器

①台秤；②漏斗和漏斗架；③布氏漏斗；④吸滤瓶、研钵；⑤可见分光光度计。

2. 试剂

①H_2SO_4：1mol·L^{-1}；②HCl：1mol·L^{-1} 6mol·L^{-1}；③NaOH：2mol·L^{-1}；④NH_4Cl(s)；⑤H_2O_2：3%；⑥滤纸；⑦pH 试纸与精密 pH 试纸；⑧HNO_3 溶液：5mol·L^{-1}；⑨硫酸铁铵固体；⑩磺基水杨酸：20%；⑪氨水：1∶1，10%；⑫10μg·mL^{-1}铁标准溶液：准确称取 0.0863g 硫酸铁铵 $NH_4Fe(SO_4)_2 \cdot 12H_2O$，于 100mL 烧杯中，加 50mL 1mol·L^{-1} HCl 溶液，完全溶解后，移入 1L 容量瓶中，再加 50mL 1mol·L^{-1} HCl，并用蒸馏水稀释至刻度，混匀。

四、实验步骤

1. 粗 $CuSO_4$ 的提纯

① 称取 6g 研细的粗 $CuSO_4$ 放在 100mL 小烧杯中，加入 30mL 蒸馏水，加热至 70～80℃搅拌，促使溶解。

② 滴加 2mL 3%H_2O_2，将溶液加热，同时在不断搅拌下，逐滴加入 0.5mol·L^{-1} NaOH(自己稀释)，直到 pH=3.0～3.5，再加热片刻，静置使水解生成的 $Fe(OH)_3$ 沉降。常压过滤，滤液转移到洁净的蒸发皿中。

③ 在精制后的硫酸铜滤液中滴加 1mol/L H_2SO_4 酸化，调节 pH 至 1～2，然后加热，蒸发、浓缩至液面出现几片小晶膜时，即停止加热，冷却至室温。抽滤，取出 $CuSO_4$ 晶体，称重。

2. 杂质铁的分析

① 系列标准溶液配制。取 6 只 50mL 容量瓶编号，分别用移液管取 0mL、0.5mL、1.0mL、1.5mL、2.0mL、2.5mL Fe 的标准溶液，依次加入各容量瓶中，每份试液中分别加入 20%磺基水杨酸 2.5mL，然后滴加 1∶1 氨水，使溶液由红色转变为稳定的黄色，再过量 1mL，用水稀释至刻度，混匀。

② 标准曲线的绘制：在分光光度计上，选择最大吸收波长 λ=420nm，使用 2cm 比色皿，以蒸馏水作参比液分别测定标准系列 1～6 号的吸光度。以测得的吸光度为纵坐标、溶液浓度为横坐标，绘制出标准曲线。

③ 样品测定：精确称取 0.1g 精制 $CuSO_4 \cdot 5H_2O$，溶于 20mL 水中，加 0.5mL 5mol·L^{-1} HNO_3，煮沸 2min，加 1.5g 不含铁的氯化铵，滴加 10%氨水至生成沉淀。在水浴上加热 30min，用无灰滤纸过滤，以每 100mL 水含有 5g 不含铁的 NH_4Cl 和 5mL氨水的混合液洗涤沉淀至滤纸上蓝色完全消失。再以热水洗涤 3 次。用 3mL 6mol·L^{-1}热盐酸溶解沉淀，以 10mL 水洗涤滤纸，收集滤液及洗液，用 10%氨水中和，再加 1mol·L^{-1} HCl 1mL，加 20% 10mL 磺基水杨酸，然后滴加 1∶1 氨水使溶

液由红色变稳定的黄色。再过量 1mL，用水稀释至 100mL，混匀。在 420nm 波长，用 2cm 比色皿，在分光光度计上测定其吸光度。并在标准曲线上查出相应的铁的浓度，并计算铁的含量。

五、实验记录与数据处理

实验数据可按表 4-11 记录。

表 4-11 系列标准溶液浓度与吸光度

管号	0	1	2	3	4	5
标准溶液吸取量/mL	0	0.50	1.00	1.50	2.00	2.50
系列铁溶液浓度 $c/(\mu g \cdot mL^{-1})$	0	0.10	0.20	0.25	0.30	0.35
吸光度 A						

样品吸光度 $A_{水溶}$：________________；

提纯后硫酸铜的质量：________________。

六、思考与讨论

① 提纯硫酸铜时，为什么 pH 值要控制在 3.0～3.5？

② 溶液酸度对磺基水杨酸铁络合物的吸光度有何影响？

③ 本实验哪些试剂的用量应准确？哪些不必严格？为什么？

实验十一

废液中氯化亚铜的回收与杂质分析

一、实验目的

1. 了解铜板蚀刻废液的性质；
2. 掌握铜板蚀刻液中氯化亚铜的回收方法；
3. 掌握氯化亚铜中铁杂质的分析方法；
4. 掌握原子吸收分光光度法测定铁。

二、实验原理

电子元件及电子专用材料铜板蚀刻过程中产生的蚀刻废液属危险废物（废物类别HW22，废物代码 398-051-22），危险特性为毒性（T）。常用蚀刻液有三氯化铁（$FeCl_3$）蚀刻液和 $CuCl_2$-HCl 蚀刻液，它们蚀刻铜的反应如下：

（1）$FeCl_3$ 蚀刻液

$$2Fe^{3+}+Cu \longrightarrow 2Fe^{2+}+Cu^{2+}$$

（2）$CuCl_2$-HCl 蚀刻液

$$Cu^{2+}+Cu+4Cl^{-} \longrightarrow 2[CuCl_2]^{-}$$

$$2[CuCl_2]^{-}+H_2O_2+2H^{+} \longrightarrow 2Cu^{2+}+4Cl^{-}+2H_2O$$

三氯化铁是常用的蚀刻液，具有成本低廉、方便控制等特点，但产生的废液不可循环使用。$CuCl_2$-HCl 蚀刻液具有速度快、溶铜率高、侧蚀小、较为环保等特点，产生的废液可循环使用。

此次实验取用的是 $CuCl_2$-HCl 蚀刻废液，回收氯化亚铜的反应式如下：

$$Cu^{2+}+Fe \longrightarrow Fe^{2+}+Cu$$

$$Cu^{2+}+Cu+4Cl^{-} \longrightarrow 2[CuCl_2]^{-} \xrightarrow{H_2O} 2CuCl\downarrow +2Cl^{-}$$

火焰原子吸收光度法是根据某元素的基态原子对该元素的特征谱线产生选择性吸收来进行测定的分析方法。将试样喷入火焰，被测元素的化合物在火焰中离解形成原子蒸气，由光源发射的该元素的特征谱线光辐射通过原子蒸气层时，该元素的基态原子对特征谱线产生选择性吸收。在一定条件下，特征谱线光强的变化与试样中被测元素的浓度成比例。通过对吸光度的测量，便可确定试样中该元素的浓度。

原子吸收法测定铁的条件：分析线波长 248.3nm，火焰类型乙炔-空气 1∶6，灯电流 10.0mA。

三、实验仪器与试剂

1. 实验仪器

①烧杯：250mL，100mL；②温度计；③搅拌棒；④量筒；⑤滴管；⑥小试管：1mL；⑦煤气灯与火柴；⑧抽滤设备；⑨滤纸；⑩电子天平；⑪原子吸收分光光度计；⑫容量瓶：100mL；⑬移液管：1mL、10mL。

2. 试剂

①硫酸溶液：3%；②$CuCl_2$-HCl 蚀刻废液；③铁粉；④10μg·mL^{-1} 铁标准溶液；⑤H_2O_2 溶液：3%；⑥盐酸：浓，6mol·L^{-1}；⑦$Na_2CO_3 \cdot 10H_2O$(s)；⑧NaCl(s)；⑨Na_2SO_3(s)。

四、实验步骤

1. 氯化亚铜的回收

① 废液中回收铜：用量筒量取 60mL $CuCl_2$-HCl 废液，放入 250mL 的烧杯中，加入 60mL 水稀释，然后加入约 10g $Na_2CO_3 \cdot 10H_2O$ 直至 HCl 被中和，加热到约 80℃，在边加热边搅拌下，分批慢慢加入 9g 左右的 Fe 粉（注意：防止溶液溢出烧杯!），直到溶液颜色变浅（青绿色），并取 1～2 滴清液滴入放有 1mL 水的小试管中，无白色沉淀方可停止加入 Fe 粉，抽滤，将滤渣移到原烧杯中，加 10mL 水和 3% H_2SO_4 25mL，加热直到无细小气泡产生为止，抽滤，洗涤滤渣数次，得到红棕色铜粉备用。

② 回收 CuCl：用量筒量取 40mL $CuCl_2$-HCl 废液，放入 250mL 的烧杯中，用水稀释 1 倍，加入约 10g $Na_2CO_3 \cdot 10H_2O$ 直至 HCl 被中和，放入上述铜粉，加热到约 80℃，在边加热边搅拌下，分批慢慢加入 10g 左右的 NaCl，至溶液呈浅棕色，抽滤，滤渣铜粉回收，滤液倒入已加有 1g Na_2SO_3 和 2mL 浓 HCl 的 1L 水中，搅拌后抽滤，即得到 CuCl 的白色沉淀。

2. 杂质铁的分析

① 标准曲线的绘制：吸取铁标准溶液（铁浓度为 10μg·mL^{-1}）0mL、2.00mL、4.00mL、6.00mL、8.00mL、10.00mL 分别放入 6 个 100mL 容量瓶中，用去离子水稀释至刻度，铁标准系列溶液的浓度见表 4-12。在选定的条件下测定其相应的吸光度。用空白校正的各标准溶液的吸光度对相应的浓度作图，绘制标准曲线。

② 样品中杂质铁的分析：在分析天平上称取 0.2000g CuCl 于 100mL 小烧杯中，加入 2mL 3% H_2O_2，再加入 6mol·L^{-1} 的盐酸 2mL，等 CuCl 溶解后转移到 100mL 的容量瓶中，用蒸馏水稀释到刻度，摇匀。在与标准曲线相同条件下测量其吸光度，从标准曲线上查出试样中铁的浓度。

五、数据记录与处理

实验测得的各数据可参照表 4-12 记录。

表 4-12 系列标准铁溶液浓度与吸光度

管号	0	2	3	4	5	6
标准使用溶液吸取量/mL	0	2	4	6	8	10
系列铁溶液浓度 $c/(\mu g \cdot mL^{-1})$	0	0.2	0.4	0.6	0.8	1.0
吸光度 A						

样品吸光度 $A_{样}$：________；

杂质铁含量：________。

六、思考与讨论

① CuCl 有什么性质？在实验中应注意什么？

② 使用 $CuCl_2$-HCl 蚀刻废液时，为什么都要事先用 Na_2CO_3 中和多余的酸？

③ $CuCl_2$ 反歧化法制备 CuCl，为什么加入铜粉后又要补充一定量的 NaCl？不计废液中 HCl 的量，应加入 NaCl 多少克？

④ 杂质铁分析中样品若是悬浊液能否直接利用原子吸收分光光度计测铁含量？

第五章 环境噪声监测

实验一 城市区域环境噪声测量

一、实验目的

城市区域环境噪声测量的目的是为了了解某个城市区域或整个城市的总体环境噪声水平，以及噪声污染的时间与空间分布规律。常用的方法有网格测量法和定点测量法，前者用于噪声普查，后者用于常规监测。国标 GB/T 14623《城市区域环境噪声测量方法》里有具体的测量方法。本实验选取学校校园或附近住宅小区作为测量区域，分别采用网格测量法和定点测量法进行测定，主要目的如下：

1. 掌握城市区域环境噪声测量方法；
2. 掌握环境噪声评价指标与计算方法。

二、实验原理

城市区域环境噪声通常采用等效连续 A 声级来评价。某时间段的等效连续 A 声级等效于在该时间段内与不稳定噪声具有相同能量的连续稳定噪声的 A 声级，计为 L_{eq}，数学表达式见式(5-1)。

$$L_{eq}=10\lg\left[\frac{1}{t_2-t_1}\int_{t_1}^{t_2}10^{0.1L_A(t)}\,dt\right] \tag{5-1}$$

式中 $L_A(t)$ ——噪声瞬时 A 计权声级，dB；

t_2-t_1——测量时间间隔，s。

在实际工程中，噪声测量值通常是一系列间歇噪声声级，则测量时段内的等效 A 声级可用式(5-2) 计算。如果采样时间间隔相同，测得一系列 A 声级，则 L_{eq}可用式(5-3)计算。

$$L_{eq}=10\lg\frac{\sum t_i\times10^{0.1L_i}}{\sum t_i} \tag{5-2}$$

式中 L_i——第 i 个测量的 A 计权声级，dB；

t_i——采样间隔时间，s；

$\sum t_i$——总的测量时段，s。

$$L_{eq}=10\lg\frac{\sum 10^{0.1L_i}}{N} \tag{5-3}$$

式中 N——测试数据个数。

昼夜等效声级（计为 L_{dn}）是等效连续 A 声级的一个特例，在计算 L_{dn} 时，由于夜间噪声对人们烦扰的增加，夜间所测声级均加上 10dB 作为修正值。昼间特指凌晨 06：00 到 22：00 之间的时间段，共计 16h；夜间是指 22：00 到第二天凌晨 06：00 之间的时间段，共计 8h。L_{dn}的计算式见式(5-4)。

$$L_{dn}=10\lg\left[\frac{2}{3}\times10^{0.1L_d}+\frac{1}{3}\times10^{0.1(10+L_n)}\right] \tag{5-4}$$

式中 L_d——昼间（06：00-22：00）测得的平均 A 声级，dB；

L_n——夜间（22：00-06：00）测得的平均 A 声级，dB。

《声环境质量标准》(GB 3096—2008) 按照城市中不同的社会功能与噪声控制要求将城市区域划分为 5 类声环境质量功能区。其中，0 类区域指康复疗养区、高级宾馆区、高级住宅区（别墅区）以及各级野生动物保护区（包括核心区和缓冲区）等特别需要安静的区域。1 类区域指以居民住宅、医疗卫生、文化教育、科研设计、行政办公为主，需要保持安静的区域，也包括自然或人文遗迹、野生动物保护区的实验区、非野生动物类型的自然保护区、风景名胜区、宗教活动场所、墓地陵园等具有特殊社会福利价值的需要保持安静的区域。2 类区域指以商业物流、集市贸易为主，或者工业、商业、居住混杂，需要维护住宅安静的区域。3 类区域指工业仓储集中区等要防止噪声对周围环境产生严重影响的区域。4 类区域指交通干线两侧区域以及附属车站、广场、码头等需要防止交通噪声对周围环境产生严重影响的区域。具体环境噪声标准值如表 5-1 所示。

表 5-1 我国城市各类区域环境噪声标准（L_{eq}）

类别	适用区域	昼间/dB	夜间/dB
0	特殊居住区(疗养院、高级别墅区等)	50	40
1	居民住宅、医疗卫生、文教机关区	55	45
2	商业金融、集市贸易或居住、商业、工业混杂区	60	50
3	工业区、仓储物流	65	55
4	4a 铁路干线背景值和公路交通干线道路两侧	70	55
	4b 铁路干线两侧区域	70	60

三、实验装置与设备

① 积分平均声级计或环境噪声自动检测仪：性能应不低于 GB 3785《声级计的电、声性能及测试方法》对 2 型声级计的要求，每次测量前后必须在测量现场进行声学校准，其前后校准示值偏差不得大于 0.5dB，否则测量结果无效。

② 声级校准器：应符合 GB/T 15173—2010《电声学 声校准器》对 2 级声级校准器的要求。

四、实验步骤

1. 定点法测量

① 选取学校教学楼或小区居民楼，分别在底楼以及其他奇数楼层设测量点。室外测点取墙外 1m，距离地面或楼板 1.2m 以上，距任一反射面不小于 1m 的位置。室内测量点应距任一反射面 0.5m 以上，距地面 1.2m，距外窗 1m 以上且窗关闭状态下测量。

② 采用声级校准器对声级计进行校准。

③ 分别在昼间和夜间进行测量，每次每个测量点测量 10min 的等效声级，同时记录噪声来源。

2. 网格法测量

① 选取学校校园或附近小区，将其分成等距离的 10～20m 的网格，网格数控制在 20～30 个，并画出测量网格以及测量点分布图。测量点应在每个网格中心，若中心点位置不宜测量，可移到临近便于测量的点。测量点距离地面 1.2m 以上，距任一反射面（不包括地面）不小于 2m。

② 采用声级校准器对声级计进行校准。

③ 分别在昼间和夜间进行测量，每次每个测量点测量 10min 的等效声级，同时记录噪声来源。

注：测量应在无雨雪无雷电天气、风速 5m/s 以下进行。

五、数据记录与处理

1. 实验记录

实验日期：______年______月______日

测量设备型号：______________

测量时段：______________

气象状态：温度______________；相对湿度：______________

测量前校准值：______________；测量后校准值：______________

测量数据参照表 5-2 与表 5-3 记录，并根据表 5-3 绘出网格法测量结果示意图。

表 5-2 定点法测量实验数据记录表

测量点楼层	室外 L_{eq}/dB	室内 L_{eq}/dB	噪声源	备注
1 楼				
3 楼				
5 楼				
7 楼				

表 5-3 网格法测量实验数据记录表

测量点编号	L_{eq}/dB	噪声源	测量点编号	L_{eq}/dB	噪声源
1			11		
2			12		
3			13		
4			14		
5			15		
6			16		
7			17		
8			18		
9			19		
10			20		

2. 计算网格法的区域评价值

网格法测量中，计算测量结果的算术平均值，该平均值代表测量区域的环境噪声水平，计算式见式(5-5)。标准偏差可以衡量测量数据偏离算术平均值的程度，标准偏差越小，这些测定值偏离平均值的程度就越小，计算方法见式(5-6)。

$$L=\frac{1}{n}\Sigma L_{eqi} \tag{5-5}$$

$$\delta=\sqrt{\frac{1}{n-1}(L-L_{eqi})^2} \tag{5-6}$$

式中 L_{eqi}——第 i 个测定声级值，dB；

L——测定结果的算术平均值，dB；

n——网格数，个；

δ——标准偏差。

六、思考与讨论

① 根据测量区域以及测量结果判断测量区域是否符合声环境质量限值标准的要求。

② 分析测量误差。

③ 分析不同的测量时段对测量结果的影响。

实验二

城市道路交通噪声与断面衰减测量

一、实验目的

城市道路交通噪声是城市主要的噪声源之一，具有干扰时间长、污染面广、噪声级别高的特点。通过道路交通噪声的测量可以了解城市道路交通噪声状况，并为城市道路规划提供依据。具体测量方法可以参照 GB 3096—2008《声环境质量标准》和 GB/T 3222.2—2009。通过本实验，希望达到以下目的：

1. 通过对城市道路交通噪声的测量了解道路交通噪声的特征；
2. 掌握道路交通噪声的评价指标及方法；
3. 掌握道路交通噪声及断面衰减的测量方法。

二、实验原理

道路交通噪声常用等效声级（L_{eq}）来评价噪声大小，用累计百分数声级（L_N）来评价噪声的变化情况。在测量时间内有 N%时间的声级超过某一噪声级，该噪声级就称为累计百分数声级，用 L_N 表示，最常用的是峰值 L_{10}、中值 L_{50}和本底值 L_{90}。根据定义，L_{10}是指在测量时间内有 10%时间的噪声级超过此值，又称为峰值噪声级；L_{50}指在测量时间内有 50%时间的噪声级超过此值，又称为中值噪声级；L_{90}指在测量时间内有 90%时间的噪声级超过此值，又称为本底噪声级。

选一段道路，测量点选在两路口之间的人行道上，离路口大于 50m，且离车行道的路沿 20cm，该测量点噪声可代表两路口之间路段的道路交通噪声 L_{eq}。实验中按照等时间间隔测定，则 L_N 表示有 N% 的数据超过的噪声级，L_{eq}与 L_N 之间的关系见式(5-7)。

$$L_{eq} \approx L_{50} + \frac{(L_{10} - L_{90})^2}{60} \tag{5-7}$$

式中 L_{eq}——道路交通噪声等效声级，dB；

L_{10}——道路交通峰值噪声级，dB；

L_{50}——道路交通中值噪声级，dB；

L_{90}——道路交通本底噪声级，dB。

三、实验装置与设备

① 积分平均声级计或环境噪声自动检测仪：性能应不低于 GB 3785《声级计的电、

声性能及测试方法》对 2 型声级计的要求，每次测量前后必须在测量现场进行声学校准，其前后校准示值偏差不得大于 0.5dB，否则测量结果无效。

② 声级校准器：应符合 GB/T 15173—2010《电声学 声校准器》对 2 级声级校准器的要求。

四、实验步骤

1. 道路交通噪声测量方法

① 选一交通干线，布置 3～6 个测量点，并画出测量点布置图；

② 采用声级校准器对声级计进行校准，并记录校准值；

③ 在规定的测量时间内，在各测量点测量 10min 的等效声级 L_{eq} 以及 L_{10}、L_{50}、L_{90}，同时记录大、小车型的车流量（辆/h）；

④ 所有测量点重复以上测量；

⑤ 测量完成后对测量设备进行第二次校准，并记下校准值。

2. 道路交通噪声断面衰减测量方法

① 选一交通干线，布置 2～4 个断面，每个断面上取 6 个测量点，并绘出测量点布置图；

② 采用声级校准器对声级计进行校准，并记录校准值；

③ 在规定的测量时间内，在各测量点测量 10min 的等效声级 L_{eq}，同时记录大、小车型的车流量（辆/h）；

④ 测量完成后对测量设备进行第二次校准，并记下校准值。

注：a. 测量应在无雨雪无雷电天气、风速 5m/s 以下进行。

b. 道路交通噪声测量时测量点选在两路口之间的人行道上，离路口大于 50m，且离车行道的路沿 20cm。

c. 道路交通噪声衰减断面垂直于道路，选在两路口之间且离路口大于 50m。断面上的测量点距离车行道路沿分别为 0m、10m、20m、30m、40m、50m。

五、数据记录与处理

1. 实验记录

实验日期：______年______月______日

测量设备型号：______________

测量时段：______________

气象状态：温度______________；相对湿度：______________

测量前校准值：______________；测量后校准值：______________

测量数据参照表 5-4 与表 5-5 记录，并根据测量数据绘出道路交通噪声测量结果分布图与衰减断面噪声测量结果图。

表 5-4 道路交通噪声测量结果

测点编号	L_{eq}/dB	L_{10}/dB	L_{50}/dB	L_{90}/dB	车流量/(辆/h)	
					小型车	大型车
1						
2						
3						
4						
5						
6						

表 5-5 道路交通噪声断面衰减测量结果

编号	L_{eq}/dB						车流量/(辆/h)	
	1-1	1-2	1-3	1-4	1-5	1-6	小型车	大型车
断面 1								
断面 2								
断面 3								
断面 4								

2. 计算道路交通噪声平均值

根据几个不同测量点的道路噪声测量值，按路段长度进行加权平均得出所测干线道路交通噪声平均值，计算方法见式(5-8)。

$$L=\frac{1}{l}\sum(l_i L_{eqi}) \tag{5-8}$$

式中 L_{eqi}——第 i 个路段测得的声级值，dB；

L_i——第 i 个路段的长度，km；

l——所测路段的加和长度，km，$l=\sum l_i$；

L——所测干线道路交通噪声平均值，dB。

六、思考与讨论

① 分析道路交通噪声的评价物理量 L_{eq} 以及 L_{10}、L_{50}、L_{90} 之间的关系，并说明 L_{10}、L_{50}、L_{90} 所代表声级的意义。

② 验证测试结果与式(5-7) 的符合程度，并分析原因。

③ 分析道路噪声值与车流量的关系，以及在一天中的变化情况。

实验三

工业企业厂界环境噪声排放测量

一、实验目的

工业企业厂界环境噪声指在工业生产活动中使用固定设备等产生的、在厂界处进行测量和控制的干扰周围生活环境的声音。噪声敏感建筑物指医院、学校、机关、科研单位、住宅等需要保持安静的建筑物。通过工业企业厂界环境噪声排放的测量旨在达到以下几个目的：

1. 掌握工业企业厂界环境噪声排放的测量方法；
2. 熟悉工业企业厂界环境噪声排放标准；
3. 了解工业企业厂界环境噪声排放的评价方法。

二、实验原理

工业企业噪声排放的评价指标为 A 计权声级（L_A）和等效连续声级（L_{eq}）。工业企业噪声根据起伏状况分为稳态噪声和非稳态噪声，前者在测量时间内声级起伏小于 3dB，后者起伏则大于 3dB。稳态噪声的测量值为 1min 的等效声级。对于非稳态噪声，则测量声源正常工作时段内的等效声级，夜间同时测量最大声级。工业企业厂界环境噪声不得超过表 5-6 规定的排放限制。夜间频发噪声的最大声级超过限值的幅度不得高于 10dB(A)，夜间偶发噪声的最大声级超过限值的幅度不得高于 15dB(A)。

表 5-6 我国城市各类区域环境噪声标准（L_{eq}）

厂界外声环境功能区类别	昼间/dB	夜间/dB	厂界外声环境功能区类别	昼间/dB	夜间/dB
0	50	40	3	65	55
1	55	45	4	70	55
2	60	50			

注：当厂界与噪声敏感建筑距离小于 1m 时，厂界环境噪声应在敏感建筑物的室内测量，并将上表中相应限值减 10dB 作为评价依据。

一般情况下，测量点选在工业企业厂界外 1m、高度 1.2m 以上，距任一反射面距离不小于 1m 的位置。当厂界有围墙且周围有受影响的噪声敏感建筑物时，测量点选在厂界外 1m 且高于围墙 0.5m 以上的位置。当厂界无法测量到声源的实际排放状况时（如声源位于高空、厂界设有声屏障等），除厂界处按上述方法设测量点外，同时在受影响的噪声敏感建筑物外 1m 处增设测量点。室内噪声测量时，室内测量点应设在距任一反射面 0.5m 以上、距地面 1.2m 高度且在受噪声影响方向的窗户开启状态下测量。

厂界噪声测量中还需要测量背景噪声的声级值，背景噪声是指厂区设备停止运行的情况下所测得的由厂界外噪声源产生的噪声。

三、实验装置与设备

① 积分平均声级计或环境噪声自动检测仪：性能应不低于 GB 3785《声级计的电、声性能及测试方法》对 2 型声级计的要求，每次测试前后必须在测量现场进行声学校准，其前后校准示值偏差不得大于 0.5dB，否则测量结果无效。用声级计采样时，仪器动态特性为“慢”响应，采样时间间隔为 5s。用环境噪声自动监测仪采样时，仪器动态特性为“快”响应，采样时间间隔不大于 1s。

② 声级校准器：应符合 GB/T 15173—2010《电声学 声校准器》对 2 级声级校准器的要求。

四、实验步骤

① 选一工厂，调查其边界存在的噪声敏感建筑物，设定测量点位置，并画出该厂的厂界、噪声敏感建筑物与测量点布置图；

② 采用声级校准器对测量设备进行校准并记下校准值；

③ 在各测量点测量正常工况下的噪声；

④ 测量各测量点的背景噪声；

⑤ 测量完成后对测量设备进行第二次校准并记下校准值。

注：a. 气象条件：测量应在无雨雪无雷电天气、风速 5m/s 以下进行。

b. 测量工况：测量应在被测声源正常工作时间进行。

c. 分别在昼间、夜间两个时段测量。夜间有偶发、频发噪声时同时测量最大声级。

d. 被测声源是稳态噪声，采用 1min 等效声级；被测声源是非稳态噪声，测量被测声源有代表性时段的等效声级，必要时测量被测声源整个正常工作时段的等效声级。

e. 背景噪声测量：不受被测声源影响且其他声环境与测量被测声源时保持一致，测量时段与被测声源测量的时间长度相同。

五、数据记录与处理

1. 实验记录

实验日期：______年______月______日

工厂名称：______________，适用声环境类别：______________

测量设备型号：______________

测量时段：______________

气象状态：温度______________；相对湿度：______________

测量前校准值：______________；测量后校准值：______________

绘出测量点示意图。

2. 测量结果修正

若测量值与背景值的差值大于10dB(A)，测量值不做修正。若测量值与背景值的差值小于10dB(A)且大于等于3dB(A)时，差值取整，按照表5-7进行修正。噪声测量值与背景值的差值小于3dB(A)时，应采取措施降低背景噪声后按照上述方法执行。

表5-7 测量结果修正值 dB(A)

差值	3	4～5	6～10
修正值	−3	−2	−1

3. 测量数据记录

实验参照表5-8记录测量数据，并对测量结果进行评价。

表5-8 测量数据记录表

测点编号	昼间测量值/dB	夜间测量值/dB	主要声源	结果评价
1				
2				
3				
4				
5				
6				

4. 测量结果评价

各测量点测量结果单独评价，同一测量点的测量结果按照昼间、夜间进行评价。最大声级L_{max}直接评价。

六、思考与讨论

① 根据测定结果评价厂界噪声是否超标；

② 思考测量值需按照背景声级测量值进行修正的原因。

实验四

社会生活环境噪声排放测量

一、实验目的

社会生活噪声指人为活动所产生的除工业噪声、建筑噪声和交通噪声之外的干扰周围生活环境的声音，包括营业性场所噪声、公共活动场所噪声、其他常见噪声。其中，营业性场所典型噪声包括营业性文化娱乐和商业经营活动中使用的扩声设备与游乐设施产生的噪声，公共活动场所典型噪声包括广播、音响等产生的噪声，其他常见典型噪声包括装修施工、厨卫设备、生活活动等产生的噪声。通过本实验旨在达到以下几个目的：

1. 熟悉社会生活环境噪声的类型；
2. 掌握社会生活环境噪声的测量方法。

二、实验原理

社会生活噪声排放源边界噪声不得超过表 5-6 规定的排放限值。在社会生活噪声排放源边界处无法进行噪声测量或测量结果不能如实反映其对噪声敏感建筑物的影响程度的情况下，噪声测量应在可能受影响的敏感建筑物窗外 1m 处进行。当社会生活噪声排放源边界与噪声敏感建筑物距离小于 1m 时，应在敏感建筑物的室内测量，并将表 5-6 中相应限值减 10dB(A) 作为评价依据。

在社会生活噪声排放源位于建筑物内的情况下，噪声通过建筑物结构传播至噪声敏感建筑物室内时，噪声敏感建筑物室内等效声级不得超过表 5-9 中规定的限值。对于噪声测量期间的非稳态噪声，其最大声级超过限值的幅度不得高于 10dB(A)。

表 5-9　结构传播固定设备室内噪声排放限值（等效声级 L_{eq}）　单位：dB

噪声敏感建筑物声环境所处功能区类别	A类房间		B类房间	
	昼间	夜间	昼间	夜间
0	40	30	40	30
1	40	30	45	35
2、3、4	45	35	50	40

注：A 类房间指以睡眠为主要目的，需要保证夜间安静的房间，包括住宅卧室、医院病房、宾馆客房等。B 类房间指主要在昼间使用，需要保证思考与精神集中、正常讲话不被干扰的房间，包括学校教室、会议室、办公室、住宅中卧室以外的其他房间等。

一般情况下，测量点选在社会生活噪声排放源边界外 1m、高度 1.2m 以上，距任一反射面距离不小于1m的位置。当边界有围墙且周围有受影响的噪声敏感建筑物时，测量点选在边界外1m且高于围墙0.5m以上的位置。当边界无法测量到声源的实际排放状况时（如声源位于高空、厂界设有声屏障等），除边界处按上述方法设测量点外，同时在受影响的噪声敏感建筑物外1m处增设测量点。室内噪声测量时，室内测量点应设在距任一反射面0.5m以上、距地面1.2m高度且在受噪声影响方向的窗户开启状态下测量。对于社会生活噪声源的固定设备结构传声至敏感建筑物室内时，在敏感建筑物室内测量时，测量点应距任一反射面至少0.5m以上、距地面1.2m以上、距外窗1m以上，在窗户关闭状态下测量。被测房间内的干扰声源应关闭。

三、实验装置与设备

① 积分平均声级计或环境噪声自动检测仪：性能应不低于GB 3785《声级计的电、声性能及测试方法》对2型声级计的要求，每次测量前后必须在测量现场进行声学校准，其前后校准示值偏差不得大于0.5dB，否则测量结果无效。用声级计采样时，仪器动态特性为“慢”响应，采样时间间隔为5s。用环境噪声自动监测仪采样时，仪器动态特性为“快”响应，采样时间间隔不大于1s。

② 声级校准器：应符合GB/T 15173—2010《电声学声校准器》对2级声级校准器的要求。

四、实验步骤

① 选一社会生活噪声源，调查其边界存在的噪声敏感建筑物，设定测量点位置，并画出该噪声源、敏感建筑物与测量点布置图；

② 采用声级校准器对测量设备进行校准并记下校准值；

③ 在各测量点测量噪声；

④ 测量各测量点的背景噪声；

⑤ 测量完成后对测量设备进行第二次校准并记下校准值。

注：a. 气象条件：测量应在无雨雪无雷电天气、风速5m/s以下进行。

b. 测量工况：测量应在被测声源正常工作时间进行。

c. 分别在昼间、夜间两个时段测量。夜间有偶发、频发噪声时同时测量最大声级。

d. 被测声源是稳态噪声，采用1min等效声级；被测声源是非稳态噪声，测量被测声源有代表性时段的等效声级，必要时测量被测声源整个正常工作时段的等效声级。

e. 背景噪声测量：不受被测声源影响且其他声环境与测量被测声源时保持一致，测量时段与被测声源测量的时间长度相同。

五、数据记录与处理

1. 实验记录

实验日期：______年______月______日

工厂名称：______________，适用声环境类别：______________

测量设备型号：______________

测量时段：________

气象状态：温度________；相对湿度：________

测量前校准值：________；测量后校准值：________

绘出测量点示意图。

2. 测量结果修正

具体修正方法参照本章实验三。

3. 测量数据记录

实验参照表 5-10 记录测量数据，并对测量结果进行评价

表 5-10 测量数据记录表

测点编号	昼间测量值/dB	夜间测量值/dB	主要声源	结果评价
1				
2				
3				
4				
5				
6				

4. 测量结果评价

各测量点测量结果单独评价，同一测量点的测量结果按照昼间、夜间进行评价。最大声级 L_{max} 直接评价。

六、思考与讨论

① 根据测定结果评价社会生活环境噪声排放是否超标。

② 噪声固体结构传播方式与在空气中传播的区别是什么？

实验五

设备噪声频谱特性测量

一、实验目的

为了全面了解设备产生的噪声，除了测量 A 声级还需测量噪声的频谱，用以分析在不同频带的噪声辐射特性。常用的噪声频谱分析有 1/3 倍频程和 1 倍频程。对于 1 倍频程，通常测量中心频率 31.5Hz、63Hz、125Hz、250Hz、500Hz、1000Hz、2000Hz、4000Hz、8000Hz 处的声级。通过该实验旨在达到以下几个目的：

1. 理解噪声频谱特性；
2. 掌握设备噪声测量的方法。

二、实验原理

设备噪声频谱测量中测量点位置和测量点个数主要根据机器外形尺寸来确定。对于外形尺寸长度小于 30cm 的小型机器，测量点距离机器表面 30cm，布置 4 个测量点；对于外形尺寸长度 30～50cm 的中型机器，测量点距离机器表面 50cm，布置4 个测量点；对于外形尺寸长度大于 50cm 的大型机器，测量点距离机器表面 100cm，布置 4 个以上测量点。对于特大型或有危险性以及无法靠近的设备，可取较远的测量点，并注明测量点的位置。对于风机、压缩机等空气动力性机械，要测进、排气噪声，进气噪声测量点选在进气口轴线上 1m 远处，排气噪声测量点选在排气口轴线 45°方向 1m 远处。

测量点高度设在机器高度一半处，或设在机器水平轴的水平面上。测量时，传声器应对准机器表面，并在相应测量点测量设备停止运行时的背景噪声。被测机器噪声原则上大于背景噪声 10dB，否则应对测量结果进行修正，具体参照本章实验三。

三、实验装置与设备

① 积分式声级计或噪声频谱分析仪：准确度为 2 型或 2 型以上，带 1/3 倍和 1 倍频程滤波器，性能符合 GB 3785。

② 声级校准器：测量前后用声级校准器校准测量仪器的示值偏差不应大于 2dB，否则测量无效。

四、实验步骤

① 选定被测设备，确定测量点数量和位置；
② 利用声级校准器对测量仪器进行校准，并记下校准值；
③ 测量设备在各个中心频率（采用1倍频程频谱）处的A计权声级；
④ 测量背景噪声（设备停止运行时的噪声）；
⑤ 对测量仪器进行第二次校准，并记下校准值。

五、数据记录与处理

1. 实验记录

实验日期：______年______月______日
测量设备名称与型号：____________________
气象状态：温度____________；相对湿度：____________
测量前校准值：____________；测量后校准值：____________
被测设备参数（设备名称、型号、功率、生产厂家、安装条件、工况等）：
____

绘出测量点示意图。

2. 测量结果修正

具体修正方法参照本章实验三。

3. 测量数据记录

实验参照表5-11记录测量数据，并对测量结果进行评价。

表 5-11　噪声频谱特性测量记录表

频率/Hz		63	125	250	500	1000	2000	4000	8000	L_{Ai}	背景
声压级/dB	测量点1										
	测量点2										
	测量点3										
	测量点4										
	测量点5										
	测量点6										

4. 根据所测结果绘制设备噪声频谱图

5. 计算设备噪声平均值

$$L_A = 10\lg \frac{1}{n} \sum 10^{0.1 L_{Ai}} \tag{5-9}$$

式中　L_A——设备噪声平均值，dB(A)；

L_{Ai}——各个测量点的声级，dB(A)；

n——测量点数。

六、思考与讨论

① 思考设备噪声频谱特性分析对设备噪声控制的指导作用。

② 讨论 1/3 倍频程与 1 倍频程的区别。

第六章 土壤环境监测

实验一

土壤阳离子交换量的测定

一、实验目的

1. 了解土壤的阳离子交换性能以及相关化学原理；
2. 掌握土壤阳离子交换量的概念；
3. 掌握土壤阳离子交换量的测定方法。

二、实验原理

土壤的阳离子交换性能是由土壤胶体表面性质所决定的，主要是由土壤中的腐殖质酸与黏土矿物互相结合形成复杂的有机-无机胶质复合体，其中复合体表面的阳离子与溶液中阳离子起等量交换作用。土壤中的有机-无机胶质复合体所能吸收的阳离子包括交换性盐基（K^+、Na^+、Ca^{2+}、Mg^{2+}）和水解性酸，两者量的总和就是阳离子交换量（CEC）。土壤 CEC 是评价土壤保肥能力的重要指标，为改良土壤和合理施肥提供重要依据。

在适宜的 pH 条件下（酸性土壤 pH7.0，石灰性土壤 pH8.5），采用 0.005mol/L EDTA 与 1mol/L 乙酸铵的混合液与 Ca^{2+}、Mg^{2+}、Fe^{3+} 以及 Al^{3+} 进行交换，并在瞬间形成电离度极小而稳定性较大且不会破坏土壤胶体的络合物，加快了二价以上金属离子的交换速度。同时由于乙酸缓冲剂的存在，交换性氢和一价金属离子也能交换完全，形成铵质土，再用 95%酒精洗去过剩的铵盐，用蒸馏法测定交换量。

三、实验仪器与试剂

(1) 主要仪器

① 托盘天平 (500g);

② 定氮装置;

③ 开氏瓶 (150mL);

④ 电动离心机 (转速 3500 转/min);

⑤ 电子天平 (精度 0.01g);

⑥ 玻璃棒 (带橡胶头);

⑦ 1000mL 容量瓶、500mL 烧杯、100mL 离心管。

(2) 试剂

① EDTA-乙酸铵混合液：称取化学纯乙酸铵 77.09g 及 EDTA 1.461g，加水溶解后一起进入容量瓶中，加蒸馏水至 900mL 左右，以 1∶1 氢氧化铵和稀乙酸调至 pH7.0 (用于中性和酸性土壤的提取) 或 pH8.5 (用于石灰性土壤的提取)，然后定容到刻度，用同样方法分别配成两种不同酸度的混合液，备用。

② 无铵离子的 95%酒精 (工业用)。

③ 2%硼酸溶液：称取 20g 硼酸，在 500mL 烧杯中加 60℃去离子水充分搅拌溶解，冷却后分多次润洗将硼酸溶液全部转入 1000mL 容量瓶，最后用稀盐酸或稀氢氧化钠溶液调节 pH 至 4.5 (定氮混合指示剂显酒红色)，用水定容至刻度。

④ 将盛有 25mL 的 2%硼酸溶液的锥形瓶 (250mL)，放置在用缓冲管连接的冷凝管的下端。接通开氏瓶下的电炉电源，连通冷凝系统的流水，打开螺丝夹 (蒸汽发生器内的水要先加热至沸)，通入蒸汽，并用螺丝夹调节蒸汽流速度，使其一致，蒸馏约 20min，馏出液约达 80mL 以后，检查蒸馏是否完全。检查方法：取下缓冲管，在冷凝管下端取几滴馏出液于白瓷比色板的凹孔中，立即往馏出液内加 1 滴定氮混合指示剂，呈紫红色，则表示氨已蒸完，呈蓝色则需继续蒸馏 (如加滴纳氏试剂，无黄色反应，即表示蒸馏完全)。

⑤ 用水冲洗缓冲管的内外壁并洗入锥形瓶内，取下锥形瓶，然后用 0.05mol/L 盐酸标准溶液滴定。

⑥ 0.05mol/L 盐酸标准溶液：取浓盐酸 4.17mL，用水稀释至 1000mL，用硼酸标准溶液标定。

⑦ 氧化镁 (固体)：在高温电炉中经 500～600℃灼烧 0.5h，使氧化镁中可能存在的碳酸镁转化为氧化镁，提高其利用率，同时防止蒸馏时大量气泡产生。

⑧ 固态石蜡。

四、实验步骤

① 称取通过 0.25mm 筛的风干土样 2.5g (精确到 0.01g)，将其小心放入 100mL 离心管中。沿管壁加入少量 EDTA-乙酸铵混合液，用玻璃棒 (带橡胶头) 充分搅拌，直至混合样品呈均匀泥浆状态。再加 EDTA-乙酸铵混合液使体积到 78mL，搅拌 2min，

然后用 2mL EDTA-乙酸铵混合液冲洗干净玻璃棒（带橡胶头），塞紧离心管盖子。

② 将离心管放到电子天平（感量 0.01g）上成对平衡，对称放入离心机中，转速 3500r/min，离心 5min 后弃去离心管中的上清液。然后将载土的离心管管口向下用去离子水冲洗外部，用不含铵离子的 95%酒精如前搅拌样品，重复上述步骤，离心 3 次及以上（洗净过剩的铵盐为止）。

③ 最后用自来水冲洗管外壁后，在管内放入少量去离子水，用玻璃棒（带橡皮头）搅成糊状，并进入 150mL 开氏瓶中，体积控制在 80～100mL 左右，其中加 2mL 液状石蜡（或 2g 固体石蜡）、1g 左右氧化镁。然后在定氮仪进行蒸馏，同时进行空白试验。

五、数据记录与处理

实验测得的各数据可参照表 6-1 记录。

表 6-1　阳离子交换量测定实验数据记录

序号	风干土样质量/g	滴定待测液所消耗盐酸体积/mL	滴定空白所消耗盐酸体积/mL	盐酸的摩尔浓度	阳离子交换量
1					
2					
3					
平均值					

阳离子交换量（c mol/kg 土）＝盐酸的摩尔浓度×[滴定待测液所消耗盐酸体积(mL)－滴定空白所消耗盐酸体积(mL)]/烘干土样质量(g)

六、思考与讨论

① 实验过程中的误差有哪些？

② 测定土壤阳离子交换量的意义有哪些？

实验二

非油泥性污染的土壤中有机碳含量的测定

一、实验目的

1. 了解测定土壤中有机碳的意义；
2. 掌握土壤中干物质含量的测定方法；
3. 掌握土壤中有机碳的测定方法。

二、实验原理

在富含 O_2 的载气中加热土壤样品至 680℃以上，土壤样品中的有机碳被氧化为 CO_2，产生的 CO_2 导入非分散红外检测器，在一定浓度范围内，根据 CO_2 产生量即可计算出土壤样品中有机碳含量。为了减少其他因素的干扰，加热土壤样品至 200℃以上时，加入适量磷酸去除碳酸盐完全分解产生的 CO_2。

三、实验仪器与试剂

（1）主要仪器

① 总有机碳测定仪；

② 分析天平（精度 0.0001g）；

③ 带盖铝盒；

④ 100mL 容量瓶、1000mL 容量瓶、1000mL 平底烧瓶；

⑤ 酒精灯；

⑥ 石棉网。

（2）试剂

① 无 CO_2 水：将去离子水加入到平底烧瓶中，在电炉或电热板上加热煮沸 10min，停止加热后盖上钠石灰管，冷却即可获得。

② 蔗糖溶液 ρ(有机碳,C)=10.0g/L：称取 2.375g 已在 104℃烘干 2h 的蔗糖（基准试剂），溶于适量无 CO_2 水中，移至 100mL 容量瓶中，用无 CO_2 水定容。常温可保存 14 天。

③ 5%磷酸溶液：量取 59mL 85%浓磷酸（优级纯）溶于 700mL 无 CO_2 水中，冷却至室温后，移至 1000mL 容量瓶中，用无 CO_2 水定容。常温可保存 14 天。

④ 氮气，纯度 99.99%。

⑤ 氧气，纯度 99.99%。

四、实验步骤

① 制作标准曲线：用移液管分别准确量取 0.0mL、0.5mL、1.0mL、2.5mL、5.0mL、10.0mL 10.0g/L 蔗糖溶液移入 6 个 10.0mL 容量瓶中，分别用无 CO_2 水稀释至刻度线定容。分别用微量注射器取 200μL 各容量瓶中的溶液于垫上少量玻璃毛的石英杯中，其对应有机碳含量分别为 0.0mg、0.1mg、0.2mg、0.5mg、1.0mg 和 2.0mg，将石英杯放入总有机碳测定仪，依次从低浓度到高浓度测定响应值，以有机碳含量（mg）为横坐标，对应的响应值为纵坐标，绘制标准曲线（标准曲线的相关系数不低于 0.995 时，标准曲线方可使用）。

② 在 (105±5)℃下烘 1h 洁净的带盖铝盒，置于干燥器中至少冷却 45min 测定带盖铝盒的净重 m_1(精确至 0.01g)。取 10～15g 过 2mm 筛的风干土壤样品放入已称铝盒中，加盖子测定总质量 m_2(精确至 0.01g)。取下铝盖，将铝盒与风干土壤样品一并放入烘箱中，在 (105±5)℃下烘干至恒重，同时烘干铝盖。盖上容器盖，置于干燥器中至少冷却 45min，取出后立即测定二次烘干土壤和带盖铝盒的总质量 m_3(精确至 0.01g)，计算土壤样品中干物质的含量。

③ 称取通过 2mm 筛的风干土壤样品 0.05g(精确到 0.0001g)，放入垫上少量玻璃毛的石英杯中，缓慢滴加 5%磷酸溶液，直至土壤样品表面无气泡冒出。将石英杯放入总有机碳测定仪，测定响应值。同时进行空白试验，将 200μL 无 CO_2 水放入垫上少量玻璃毛的石英杯中用总有机碳测定仪测定响应值。

五、数据记录与处理

实验测得的各数据可参照表 6-2、表 6-3 记录。

表 6-2 土壤样品中干物质含量测定数据记录

序号	土壤样品称取质量/g	带盖铝盒的净重 m_1/g	带盖铝盒加风干土壤样品 m_2/g	带盖铝盒加烘干土壤样品 m_3/g	土壤样品中干物质含量/%
1					
2					
3					
平均值					

表 6-3 土壤样品中有机碳测定实验数据记录

序号	土壤样品称取质量/g	土壤样品响应值	空白响应值	土壤有机碳含量/%
1				
2				
3				
平均值				

① 土壤样品中干物质含量(质量分数,%)＝$(m_3-m_1)/(m_2-m_1)\times100$。

② 土壤样品中干物质的质量(g)＝土壤样品称取质量(g)×土壤样品中干物质含

量(%)/100。

③ 土壤样品中有机碳的含量(%)=(土壤样品响应值－空白响应值－标准曲线的截距)/[标准曲线的斜率×土壤样品称取质量(g)×100]。

六、思考与讨论

① 如何控制土壤样品中干物质含量测定实验过程中的误差?

② 测定土壤中有机碳的燃烧氧化-非分散红外法的机理是什么?

实验三

苯酚钠-次氯酸钠比色法测定土壤中脲酶的活性

一、实验目的

1. 了解测定土壤中脲酶的意义；
2. 掌握土壤中脲酶的测定原理和测定方法。

二、实验原理

脲酶属于酰胺酶的一种，主要存在于大多数细菌、真菌和高等植物中，只能水解尿素产生 NH_3、CO_2 和 H_2O，因此具有专一性。通常根际土壤脲酶活性较高，中性土壤脲酶活性大于碱性土壤。土壤脲酶活性与土壤的微生物数量、有机物质含量、全氮和速效磷含量呈正相关，所以常用土壤脲酶活性表征土壤的氮素状况。

土壤中脲酶活性的测定是以尿素为基质经酶促反应后测定生成的氨量，也可以通过测定未水解的尿素量来求得。本方法以尿素为基质，根据酶促产物氨与苯酚钠、次氯酸钠作用生成蓝色的靛酚，来分析脲酶活性。

三、实验仪器与试剂

(1) 主要仪器

① 分析天平（精度 0.0001g）。

② 分光光度计。

③ 100mL 容量瓶、1000mL 容量瓶。

(2) 试剂

① 甲苯（优级纯）。

② 10%尿素：称取 10g 尿素，用水溶至 100mL。

③ 柠檬酸盐缓冲溶液（pH 为 6.7）：184g 柠檬酸和 147.5g KOH 分别溶于去离子水中，将两溶液混合后用 1mol/L 的 NaOH 调整 pH 至 6.7，随后倒入 1000mL 容量瓶中用去离子水定容。

④ 1.35mol/L 苯酚钠溶液：62.5g 苯酚溶于少量乙醇，加 2mL 甲醇和 18.5mL 丙酮，溶解后倒入 100mL 容量瓶中用乙醇定容后，存于 4℃冰箱中；27g NaOH 溶于去离子水中，溶解后倒入 100mL 容量瓶中用去离子水定容后，存于 4℃冰箱中。使用前将两种溶液各 20mL 混合倒入 100mL 容量瓶中用去离子水定容。

⑤ 次氯酸钠溶液：用去离子水稀释次氯酸钠试剂，至活性氯的浓度为 0.9%，溶液

稳定。例如取10%的次氯酸钠溶液9mL，倒入100mL容量瓶中用去离子水定容。

⑥ 氮的标准溶液：精确称取0.4717g硫酸铵溶于去离子水并倒入1000mL容量瓶中，得到含有0.1g氮的标准液；再吸取10mL标准液倒入1000mL容量瓶，定容制成氮的工作液。

四、实验步骤

① 标准曲线制作：分别取0mL、1mL、3mL、5mL、7mL、9mL、11mL、13mL氮的工作液，移入50mL容量瓶中，然后补加去离子水至20mL。再加入4mL苯酚钠溶液和3mL次氯酸钠溶液，随加随摇匀，20min后显色，定容。1h内在分光光度计上于578nm波长处比色。然后以氮的工作液浓度为横坐标、吸光度为纵坐标，绘制标准曲线。

② 称取5g土壤样品倒入50mL三角瓶中，加1mL甲苯，振荡均匀，15min后加10mL 10%尿素溶液和20mL pH为6.7的柠檬酸盐缓冲溶液，摇匀后在37℃恒温箱培养24h。培养结束过滤后取1mL滤液加入50mL容量瓶中，再加4mL苯酚钠溶液和3mL次氯酸钠溶液，随加随摇匀，20min后显色，定容。1h内用分光光度计于578nm波长处比色（靛酚的蓝色在1h内保持稳定）。

注意事项：①每一个样品应该做一个无基质对照，以等体积的去离子水代替基质，其他操作与样品实验相同。②整个实验设置对照组，即不加土样，其他操作与样品实验相同，以检验试剂纯度和基质自身分解。③如果样品吸光度超过标准曲线的最大值，则应该增加分取倍数或减少培养的土样。

五、数据记录与处理

实验测得的各数据可参照表6-4记录。

表6-4 土壤样品中脲酶含量测定数据记录

序号	土壤样品称取质量/g	样品吸光度	显色液体积/mL	无基质吸光度	土壤样品中脲酶含量/%
1					
2					
3					
平均值					

以24h后1g土壤中NH_3-N的质量表示土壤脲酶活性。

土壤脲酶活性=(样品吸光度对应标准曲线上NH_3-N的质量－对照组吸光度对应标准曲线上NH_3-N的质量－无基质吸光度对应标准曲线上NH_3-N的质量)×显色液体积×分取倍数/烘干土壤质量。

六、思考与讨论

① 土壤中脲酶的主要作用是什么？

② 测定土壤中脲酶含量为什么在培养前加入甲苯处理土壤？

实验四

土壤中可提取态镉的测定

一、实验目的

1. 了解测定土壤中可提取态镉的意义；
2. 掌握土壤中可提取态镉的测定方法。

二、实验原理

$CaCl_2$ 溶液可以作为酸性、中性或石灰性土壤的有效提取剂。0.01mol/L $CaCl_2$ 提取的土壤中的有效态镉含量与植物体内的镉元素有很好的相关性。因此 0.1mol/L $CaCl_2$ 作为广谱性提取剂可以提取土壤中可提取态镉，进而可以更准确地评估土壤受镉污染的状况。

在 (20±2)℃温度下，将通过孔径为 2mm 尼龙筛的土壤样品用浓度为 0.01mo/L 氯化钙溶液以土液比为 1∶10(m/V) 的比例混合并振荡提取 2h。振荡悬浮液经离心后用 0.45μm 滤膜过滤，取 10mL 的滤液用电感耦合等离子体发射光谱仪测定土壤中可提取态镉。

三、实验仪器与试剂

(1) 主要仪器

① 天平（精度 0.01g）；

② 电感耦合等离子体发射光谱仪；

③ 水平振荡型（振荡频率为 180 次/min）；

④ 0.45μm 滤膜；

⑤ 离心机（1000×g）；

⑥ 100mL 容量瓶、1000mL 容量瓶、聚丙烯离心管 50mL、注射器。

(2) 试剂

① 0.01mol/L 氯化钙溶液：称取 1.1100g 无水氯化钙（优级纯）于 250mL 烧杯中，用少量去离子水溶解后转入 1000mL 容量瓶中，用去离子水定容摇匀。

② 硝酸（1+1）：10mL 硝酸（优级纯），加 10mL 去离子水配成 50%的硝酸溶液。

③ 1mg/L 镉标准储备溶液：称取 1.0000g 优级纯金属镉，加入 20mL 硝酸（1+1）溶解后，移入 1000mL 容量瓶中，用去离子水定容，摇匀备用。准确分取 1.0mL 上述溶液，移入已含有 20mL 硝酸（1+1）的 1000mL 容量瓶中，用去离子水定容，摇匀

备用。

④ 5%硝酸。

四、实验步骤

① 标准曲线制作：在一组 50mL 容量瓶中，分别移取 0.00mL、0.50mL、1.25mL、2.50mL、5.00mL、10.00mL、12.50mL 镉标准工作液，加入 12mL 硝酸(1+1)，用去离子水定容，摇匀。以 5%硝酸溶液作载流，进行系列标准工作液的测定。以镉标准工作液的质量浓度为横坐标、样品发射谱线强度为纵坐标，绘制镉的标准曲线。

② 称取过 2 mm 筛的土壤样品 2.5g(精确至 0.01g)，置于 50mL 离心管中，用移液管加入 25mL 0.01mol/L 氯化钙溶液至离心管中，拧紧管塞，放置于振荡器中，在(20±2)℃恒温室中以 180 次/min 水平振荡提取 2h。

③ 将塞紧的离心管放入离心机，在 1000×g 离心力下离心 10min。使用不少于 1mL 的上清液润洗滤膜和注射器，弃去润洗液。使用注射器从离心管中取 10mL 上清液，将 0.45μm 滤膜与注射器连接，推动注射器以过滤上清液。将过滤后的滤液保存在干净的离心管中。每批样品制备两个空白试样，空白试样的制备同上。

④ 取 10mL 滤液，加入适量 5%硝酸，采用电感耦合等离子体发射光谱仪对镉元素进行测定。空白试样采用与试样相同的步骤和方法进行测定。

五、数据记录与处理

实验测得的各数据可参照表 6-5 记录。

表 6-5　土壤样品中可提取态镉含量测定数据记录

序号	土壤样品称取质量/g	样品吸光度	空白吸光度	土壤中的含水量/%	土壤样品中可提取态镉含量/(mg/kg)
1					
2					
3					
平均值					

根据下式计算风干样品中可提取态镉元素的质量分数（mg/kg）。

可提取态镉元素的质量分数=

$$\frac{(\text{提取液中镉元素测定浓度}-\text{空白样品的浓度})\text{提取时使用氯化钙提取剂的体积}}{(1-\text{土壤中水分含量})\text{提取时所使用土壤样品的质量}}$$

六、思考与讨论

① 延长振荡时间是否会影响最终的测定结果？

② 测定土壤中可提取态镉含量设置空白试样的目的是什么？

实验五

污染土壤中多环芳烃的测定

一、实验目的

1. 了解测定土壤中多环芳烃的意义；

2. 掌握土壤中多环芳烃的测定方法。

二、实验原理

多环芳烃（Polycyclic Aromatic Hydrocarbons，PAHs）是指分子中含有两个或两个以上苯环的碳氧化合物，它是由烟草烟雾、汽车尾气、石油蒸馏物、煤炭、木材、油等的不完全燃烧等产生的，存在于地下水、大气、土壤以及食品中，是一种广泛存在的环境有机污染物。多环芳烃具有较强的致畸、致癌、致突变性质，因此对人体健康造成威胁。

土壤中的多环芳烃采用适合的萃取方法（索氏提取、加压流体萃取等）提取，根据样品基体干扰情况选择合适的净化方法（铜粉脱硫、硅胶层析柱、硅酸镁小柱或凝胶渗透色谱）对提取液净化、浓缩、定容，经气相色谱分离、质谱检测。通过与标准物质质谱图、保留时间、碎片离子质荷比及其丰度比较进行定性，内标法定量。

三、实验仪器与试剂

（1）主要仪器

① 天平（精度 0.0001g）；

② 高效液相色谱仪；

③ 索氏提取器；

④ 氮吹浓缩仪；

⑤ 十八烷基硅烷键合硅胶色谱柱；

⑥ 固相萃取装置；

⑦ 100mL 容量瓶、1000mL 容量瓶。

（2）试剂

① 丙酮-正己烷混合溶液（1＋1）：10mL 正己烷（HPLC 级），加 10mL 丙酮（HPLC 级）配成 50％的丙酮-正己烷混合溶液。

② 二氯甲烷-正己烷混合溶液（2＋3）：用二氯甲烷（HPLC 级）和正己烷（HPLC 级）按 2∶3 的体积比混合；二氯甲烷-正己烷混合溶液（1＋1）：用二氯甲烷（HPLC

级）和正己烷（HPLC 级）按 1∶1 的体积比混合。

③ 10.0mg/L 多环芳烃标准使用液：移取 1.0mL 多环芳烃标准贮备液（100mg/L）于 10mL 棕色容量瓶，用乙腈（HPLC 级）稀释并定容至刻度，摇匀，转移至密实瓶中于 4℃下冷藏，避光保存。

④ 40μg/mL 十氟联苯溶液：移取 1.0mL 1000mg/L 十氟联苯标准液于 25mL 棕色容量瓶，用乙腈（HPLC 级）稀释并定容至刻度，摇匀，转移至密实瓶中于 4 ℃下冷藏，避光保存。

⑤ 无水硫酸钠（Na_2SO_4）干燥剂：置于马弗炉中 400 ℃烘 4h，冷却后置于磨口玻璃瓶中密封保存。

⑥ 玻璃层析柱：内径约 20 mm，长 10～20cm，带聚四氟乙烯活塞。在玻璃层析柱的底部加入玻璃棉，加入 10 mm 厚的无水硫酸钠，用少量二氯甲烷（HPLC 级）进行冲洗。玻璃层析柱上置一玻璃漏斗，加入二氯甲烷（HPLC 级）直至充满层析柱，漏斗内存留部分二氯甲烷，称取约 10g 硅胶经漏斗加入层析柱，以玻璃棒轻敲层析柱，除去气泡，使硅胶填实。放出二氯甲烷，在层析柱上部加入 10 mm 厚的无水硫酸钠。

⑦ 硅胶固相萃取柱：1000 mg/6mL。其中硅胶粒径 75～150μm(200～100 目)。使用前，应置于平底托盘中，以铝箔轻轻覆盖，130 ℃活化至少 16h。

⑧ 石英砂：粒径 150～830μm(100～20 目)，使用前须检验，确认无干扰。

⑨ 玻璃纤维滤膜：在马弗炉中 400℃烘 1h，冷却后置于磨口玻璃瓶中密封保存。

⑩ 氮气：纯度≥99.999 %。

⑪ 正己烷（HPLC 级）。

⑫乙腈（HPLC 级）。

⑬ 二氯甲烷（HPLC 级）。

四、实验步骤

① 称取土壤样品 10g(精确到 0.01g)，加入适量无水硫酸钠，研磨成 1mm 的颗粒。

② 将制备好的试样放入玻璃套管内，加入 50.0μL 40μg/mL 十氟联苯溶液，将套管放入索氏提取器中。加入 100mL 丙酮-正己烷混合溶液（1+1），以 4～6 次/h 的回流速度提取 16～18h。

③ 在玻璃漏斗中垫一层玻璃纤维滤膜，加入约 5g 无水硫酸钠，将提取液过滤到浓缩器皿中。用适量丙酮-正己烷混合溶液（1+1）洗涤提取容器 3 次，再用适量丙酮-正己烷混合溶液（1+1）冲洗漏斗，洗液并入浓缩器皿。

④ 用 40mL 正己烷（HPLC 级）预淋洗玻璃层析柱，淋洗速度控制在 2mL/min，在顶端无水硫酸钠暴露于空气之前，关闭玻璃层析柱底端聚四氟乙烯活塞，弃去流出液。开启氮气至溶剂表面有气流波动（避免形成气涡），用正己烷（HPLC 级）多次洗涤氮吹过程中已经露出的浓缩器壁，将过滤和脱水后的提取液浓缩至约 1mL（氮吹浓缩法）。将浓缩后约 1mL 提取液移入玻璃层析柱，用 2mL 正己烷（HPLC 级）分 3 次洗涤浓缩器皿，洗液全部移入玻璃层析柱，在顶端无水硫酸钠暴露于空气之前，加入 25mL 正己烷（HPLC 级）继续淋洗，弃去流出液。用 25mL 二氯甲烷-正己烷混合溶

液（2+3）洗脱，洗脱液收集于浓缩器皿中，用氮吹浓缩法（或其他浓缩方式）将洗脱液浓缩至约 1mL，加入约 3mL 乙腈（HPLC 级），再浓缩至 1mL 以下，将溶剂完全转换为乙腈，并准确定容至 1.0mL 待测。如果不能及时检测，净化后的待测试样密封于棕色进样瓶置于 4℃冰箱中保存，样品不应贮存超过 30d。

⑤ 用固相萃取柱作为净化柱，将其固定在固相萃取装置上。用 4mL 二氯甲烷（HPLC 级）冲洗净化柱，再用 10mL 正己烷（HPLC 级）平衡净化柱，待柱充满后关闭流速控制阀，浸润 5min，打开控制阀，弃去流出液。在溶剂流干之前，将浓缩后的约 1mL 提取液移入柱内，用 3mL 正己烷（HPLC 级）分 3 次洗涤浓缩器皿，洗液全部移入柱内，用 10mL 二氯甲烷-正己烷混合溶液（1+1）进行洗脱，待洗脱液浸满净化柱后关闭流速控制阀，浸润 5min，再打开控制阀，接收洗脱液至完全流出。用氮吹浓缩法将洗脱液浓缩至约 1mL，加入约 3mL 乙腈（HPLC 级），再浓缩至 1mL 以下，将溶剂完全转换为乙腈，并准确定容至 1.0mL 待测。如果不能及时检测，净化后的待测试样密封于棕色进样瓶置于 4 ℃冰箱中保存，样品不应贮存超过 30 d。用石英砂代替实际样品，按照与试样相同的制备步骤制备空白试样。

⑥ 测定条件：进样量 10μL；柱温 35 ℃；流速 1.0mL/min；流动相 A 为乙腈，流动相 B 为水梯度洗脱程序见表 6-6。

表 6-6 梯度洗脱程序

时间/min	A/%	B/%	时间/min	A/%	B/%
0	60	40	28	100	0
8	60	40	28.5	60	40
18	100	0	35	60	40

⑦ 校准曲线：分别取 5 个容量瓶，量取适量的多环芳烃标准使用液，用乙腈（HPLC 级）稀释，制备成标准系列，多环芳烃的质量浓度分别为 0.04μg/mL、0.10μg/mL、0.50μg/mL、1.00μg/mL 和 5.00μg/mL。同时取 50.0μL 2.00μg/mL 十氟联苯溶液加入至标准系列中任一浓度点，贮存于棕色进样瓶中，待测。由低浓度到高浓度依次对标准系列溶液进样，以标准系列溶液中目标组分浓度为横坐标，以其对应的峰高为纵坐标，建立校准曲线。校准曲线的相关系数≥ 0.995，否则重新绘制校准曲线。

五、数据记录与处理

实验测得的各数据可参照表 6-7 记录。

表 6-7 土壤样品中多环芳烃含量测定数据记录

序号	土壤样品干物质含量/%	样品中组分 i 的浓度/(μg/mL)	样品量(湿重)/g	无基质吸光度	土壤样品中多环芳烃组分 i 含量/%
1					
2					
3					
平均值					

根据下式计算土壤样品中多环芳烃的含量（μg/kg）。

土壤样品中多环芳烃的含量=(由标准曲线计算所得样品中组分 i 的浓度×定容体积)/[样品量(湿重)×土壤样品干物质含量]。

六、思考与讨论

① 多环芳烃测定过程中萃取的方法有哪些？其优缺点分别是什么？

② 多环芳烃测定过程中如何选择净化方法？

参考文献 REFERENCES

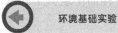

[1] 彭华平，彭佳，熊祖鸿．生活垃圾焚烧飞灰固化处理研究．山东工艺技术，2015，271-272.

[2] 夏卫红，曹萍，刘超男．城市环境污染控制实验．北京：化学工业出版社，2015.

[3] 章非娟，徐竟成．环境工程实验．北京：高等教育出版社，2006.

[4] 奚旦立，孙裕生．环境监测．4版．北京：高等教育出版社，2010.

[5] 董德明，朱利中．环境化学实验．北京：高等教育出版社，2002.

[6] GB/T 15555.1—1995 固体废物总汞的测定 冷原子吸收分光光度法．

[7] GB 22337—2008 社会生活环境噪声排放标准．

[8] GB 12348—2008 工业企业厂界环境噪声排放标准．

[9] GB 3096—2008 声环境质量标准．

[10] GB 12523—2011 建筑施工场界环境噪声排放标准．

[11] GB 16889—2008 生活垃圾填埋场污染控制标准．

[12] 陆建刚，陈敏东，张慧．大气污染控制工程实验．北京：化学工业出版社，2012.

[13] 依成武，欧红香，储金宇．大气污染控制实验教程．北京：化学工业出版社，2009.

[14] GB/T 18204.3—2013 公共场所卫生检验方法第3部分：空气微生物．

[15] HJ 656—2013 环境空气颗粒物（$PM_{2.5}$）手工监测方法（重量法）技术规范．

[16] 魏学锋，汤红妍，牛青山．环境科学与工程实验．北京：化学工业出版社，2018.

[17] HJ 828—2017 水质 化学需氧量的测定 重铬酸盐法．

[18] GB 11903—89 水质 色度的测定．

[19] GB 13200—91 水质 浊度的测定．

[20] 刘振学，王力．实验设计与数据处理．北京：化学工业出版社，2015.

[21] 胡慧蓉，田昆．土壤学实验指导教程．北京：中国林业出版社，2012.

[22] HJ 613—2011 土壤 干物质和水分的测定 重量法．

[23] HJ 695—2014 土壤 有机碳的测定 燃烧氧化-非分散红外法．

[24] 环境保护部南京环境科学研究所．土壤中重金属可提取态（有效态）测定方法研究，2017.

[25] HJ 784—2016 土壤和沉积物 多环芳烃的测定高效液相色谱法．

[26] 周花蕾．无机化学实验．3版．北京：化学工业出版社，2019.